开讲啦 Ⅴ

高铁飞 ◎ 编著

心态如若太混乱
状态非让你难看

心态决定了一个人的状态，心有多高，生命状态就有多高；
心有多宽，人生之路就有多广。

中国华侨出版社

图书在版编目（CIP）数据

心态如若太混乱，状态非让你难看/高轶飞编著.—北京：中国华侨出版社，2013.7

（开讲啦；Ⅴ）

ISBN 978－7－5113－3800－6

Ⅰ.①心⋯　Ⅱ.①高⋯　Ⅲ.①成功心理－通俗读物
Ⅳ.①B848.4－49

中国版本图书馆 CIP 数据核字（2013）第 157422 号

● 心态如若太混乱，状态非让你难看（开讲啦 Ⅴ）

编　　著/高轶飞
责任编辑/文　慧
封面设计/智杰轩图书
经　　销/新华书店
开　　本/710×1000 毫米　1/16　印张 16　字数 220 千字
印　　刷/北京溢漾印刷有限公司
版　　次/2013 年 9 月第一版　2013 年 9 月第 1 次印刷
书　　号/ISBN 978－7－5113－3800－6
定　　价/30.00 元

中国华侨出版社　　北京朝阳区静安里 26 号通成达大厦 3 层　　邮编 100028
法律顾问：陈鹰律师事务所
编辑部：（010）64443056　　64443979
发行部：（010）64443051　　传真：64439708
网　址：www.oveaschin.com
e-mail：oveaschin@sina.com

前　言

　　人活着，其实活的就是一种心态。

　　每个人终其一生，总要遇到各种问题。烦恼、矛盾、困难，挫折和失败都不可避免。面对人生的困局和障碍，不同的人会采取不同的心态，从而也就导致两种天壤之别的人生结局：成功的人生和失败的人生。

　　而成功者与失败者之间的差别是：成功者始终用最积极的心态支配和控制自己的人生，而失败者则刚好相反，他们总是喜欢用消极的心态去看待和思考问题。

　　成功学大师拿破仑·希尔说："人与人之间原本只有很小的差异，但是这种很小的差异却导致人的一生迥然不同。"这种很小的差异就是你所具备的心态是积极的还是消极的，最终的结果就是成功或失败的不同人生结局。这生动说明了思维方式和行事方法对于能否获取成功的巨大影响。

　　一个能达到你想要的结果所需要的心态是人生中必不可少的。心态决定了一个人的状态，能爬到多高，能走到多远，都是心态问题。心有多高，生命状态就有多高；心有多宽，人生之路就有多广。失败者之所以失败是因为内心空虚；成功者之所以成功是因为内心充满着力量。内心的力量是成功的关键。它带给我们勇气，带给我们自信，带给我们智慧。

内心的力量来自于"身心合一"，来自于内心的平静，来自于良好的心态。让我们关注自己的内心，因为它是智慧与力量的源泉。让我们关注自己内心的修为，因为这是事业成就的根本。

本书多方位、多层次地从心态进行了进一步的探讨，希望能对广大读者提升状态、摆正心态有所帮助。带着积极的心态出发，全世界都会给你让路。心态决定状态，这就是你主导人生境况的砝码。

目 录

| 第一章 | 练就小人物心态，以低调姿态处世

有人倡导以低调的状态处世，这没错，因为低调可以赢得好感，有利于协调关系、办成事情。道理似乎人人都懂，但能做到的人并不多，问题就出在心态上。把自己当成一个小人物，学会尊重和礼让别人，就能呈现出一副不卑不亢、有理有据的新面孔。

走好自己的路 ………………………………………………… 2
世界离不开小人物 …………………………………………… 5
别把自己悬在空中 …………………………………………… 6
自嘲也是一种智慧 …………………………………………… 9
你能比得过"比尔·盖茨"吗？ …………………………… 11
在其位则尽其职 ……………………………………………… 14
炫富——自找麻烦的笨蛋！ ………………………………… 17
你就是个普通人！ …………………………………………… 19
一屋不扫，何以扫天下？ …………………………………… 22
别让赞美把你吹成气球 ……………………………………… 26

第二章　遇事，多往坏处想想

在待人接物上，有的人显得很幼稚：把人和事想得太好，一旦不如意便觉得似乎天都塌下来，所以跟人交往要么容易吃亏上当，要么动辄得咎。另有一些人则显得成熟老练：能看清人，也总能做对事。古人说"人情练达即文章"，要想写好这样一篇大文章，不妨凡事先往坏处想一想，有了这样的心理准备，就能拥有平和的心态。

学会顺其自然 …………………………………………… 30
不必背负太多 …………………………………………… 32
祸兮，福之所倚；福兮，祸之所伏 …………………… 36
不丢掉拐杖，你就别想学会走路 ……………………… 39
想想后果，看看自己能否承担 ………………………… 41
懦弱莫过于自怜，无能莫过于自艾 …………………… 44
无法改变环境，那就适应环境 ………………………… 46
与其内疚，不如设法弥补 ……………………………… 48
适当让自己"泄泄火" ………………………………… 50

第三章　心态控制状态，状态决定命运

我们常听说运动员的竞技状态会影响他的成绩，其实普通人也是如此。状态是一个人身心境界的综合体现，状态好，思维就敏捷，身体就协调，注意力集中，效率会更高，做事情成功的几率自然大大提高。另一方面，要想保持良好的状态，就要从心态入手，心态摆正了，好状态会不请而至。搞清楚成败——状态——心态的关系，才能知道如何让自

己成为一个有生存质量、有办事效率的人。

为自己的心情做主 …………………………………… 54
做翠竹不做劲松 …………………………………… 56
与差距打擂台 ……………………………………… 60
不卑微的行为 ……………………………………… 62
你不背弃希望，希望绝不会背弃你 ………………… 65
做一名"战神" ……………………………………… 68
给思维自由——没有想象就没有奇迹 ……………… 70
好心态是智慧的源泉 ………………………………… 73
昂起头来！ ………………………………………… 75
不抛弃、不放弃！ ………………………………… 78

第四章　海纳百川，有容乃大

在人际交往中，仅仅有前面所说的"练达"是不够的，还应该以豁达的状态待人。豁达不是简单的大大咧咧，而是能以包容、宽怀的心看待别人的高低对错，以坦然恬静的心情对待自己的成败得失。

独木不成林，你需要与人合作 ……………………… 82
给别人一点宽恕，给自己一条后路 ………………… 85
扔掉多余行李，你会走得更远 ……………………… 89
种下一粒爱的种子，你会收获一箩筐果实 ………… 91
遇事隐忍，吃亏是福 ………………………………… 93
助人亦是助己 ……………………………………… 95
没有人喜欢冷血动物 ………………………………… 98

走自己的路，让别人说去吧！ …………………………… 102
唾面自干，忍人所不能忍 …………………………… 106
强迫别人，与强暴何异？ …………………………… 108

第五章　多几分朴实，少几分奢求

　　工作是人生中十分重要的一部分，让这一部分充实快乐，硕果累累，可以提高你的生存高度和人生高度，其途径无他，只有让自己在工作中尽快成熟起来，同样，心态在这里也起着举足轻重的作用。让浮躁的心踏实下来，以朴实的心态付出努力，少计较些得失，收获必然更多。

另起一行，你也可以成为"第一" …………………………… 112
解除心灵枷锁 …………………………… 114
别让不良心态成为人生的绊脚石 …………………………… 117
形成独立的人生观、价值观 …………………………… 120
当君得意，勿忘形骸 …………………………… 121
莫做一只"寒号鸟" …………………………… 124
投机之辈难成大器 …………………………… 128
走过的路，要留下脚印 …………………………… 132

第六章　卸载不良心态，下载最佳状态

　　在工作、交际、婚姻、生活中始终保持良好的状态是一件多么美好的事情，因为你总是那么适当地应对矛盾，那么高效地处理问题，那么快乐地享受生活。要做到这一点也并没有你想象的那么难：看看自己有

哪些不良的心态，然后改变它。

自卑，不会有人可怜你 …… 136
不怕钱少，就怕心穷 …… 139
幸福不接纳逃兵 …… 141
懒惰等于将一个人活埋 …… 145
知错能改，善莫大焉 …… 147
我的字典里没有"不可能"！ …… 150
苛求完美？——别给造物主出难题！ …… 153
你也不想"安乐死"吧！ …… 157
大事不糊涂，小事不计较 …… 159
治疗"小心脏综合征" …… 162

第七章 善待自己，放飞心情

有不少人的生存状态可以用一个"累"字来形容：追求总是那么多，所得总是不满足，工作事业压力大，以至身体透支、精神疲惫。我们必须学会卸载心灵上诸多负重，善待自我，培育一个自在的心态，这样才能以健康的身心状态发掘和享受生活中的精彩。

简单的生活就是快乐 …… 166
营造最佳心态 …… 169
心态领导行为 …… 171
心态左右幸福 …… 174
心健方能身健 …… 176
平平淡淡才是真 …… 179

咀嚼人生百味 ………………………………………… 181
得失随缘，笑看风云 …………………………………… 185
清心寡欲，尽享人生乐趣 ……………………………… 187

|第八章| 化"坏"为"好"，时时调控心态

没有谁高明到不犯错误，在心态问题上是也是如此。聪明人与愚蠢者的区别在于，会不会及时通过心态转换实现状态的自我调控。蒙牛老总牛根生有句话说得好："（心态）就如同翻一页书……高手翻到的全是天使，不是因为魔鬼不存在，而是他能把魔鬼变成天使。"

改变心态就是在改变命运 ………………………………… 190
眼中只有瑕疵，你还能看清什么？……………………… 194
还心灵一个自由 ………………………………………… 196
喝下这碗孟婆汤 ………………………………………… 199
别与坏心情搭讪 ………………………………………… 201
制作一部"调压器" …………………………………… 204
快乐至上 ………………………………………………… 206
学会释然 ………………………………………………… 209
笑着活下去 ……………………………………………… 211
再一次"心动" ………………………………………… 214

|第九章| 钱财身外物，等闲以视之

有句流行语叫"赚到钱够花，睡到自然醒"，在人的欲望当中，金钱占有"显赫"的位置。常言说"君子爱财，取之有道"，其实"有

道"的同时更须"有度"。有了"有度"的心态，赚钱会更加智慧，花钱会更加理智。

做金钱的"主人"，摆脱奴役 …………………… 218
钱不在多，够用就行 ……………………………… 221
少一点贪念，多一份幸福 ………………………… 224
别让利欲堵塞心窍 ………………………………… 226
钱带不进棺材！ …………………………………… 229
君子爱财，取之以道 ……………………………… 234
以"一技之长"挖金淘宝 ………………………… 236
"钱生钱"的秘诀 ………………………………… 241

第一章
练就小人物心态,以低调姿态处世

　　人是自己思想的主宰者,持有应对任何境遇的钥匙。能否掌握成功的关键,就在于你能否用积极的想法主宰自己。你既可以错误地滥用思想,放纵自己,摧毁自己,最终堕落为禽兽之辈,也可以正确地选择思想并付诸实践,从而达到神圣完美的境界,收获硕果累累的明天。只要下定决心,认真去做,你完全可以实现自己的愿意,使自己成为自己想成为的那种人。

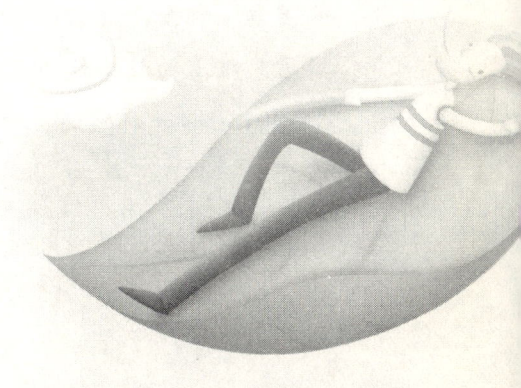

走好自己的路

走自己的路,让别人说去吧。

——但丁

一个人在一生中总会遭到这样或那样的批评,越是做大事遭到的批评就越多。但你绝不能因为别人的批评,就怀疑自己,只要你确信自己是对的,就该坚定地一直走下去。

1929年,美国发生一件震动全国教育界的大事,美国各地的学者都赶到芝加哥去看热闹。在几年之前,有个名叫罗勃·郝金斯的年轻人,半工半读地从耶鲁大学毕业,当过作家、伐木工人、家庭教师和卖成衣的售货员。现在,只经过了8年,他就被任命为美国第四有钱的大学——芝加哥大学的校长。他有多大?30岁!真叫人难以相信。老一辈的教育人士都摇着头,人们的批评就像山崩落石一样一齐打在这位"神童"的头上,说他太年轻了,经验不够;说他的教育观念很不成熟……甚至各大报纸也参加了攻击。

在罗勃·郝金斯就任的那一天,有一个朋友对他的父亲说:"今天早上我看见报上的社论攻击你的儿子,真把我吓坏了。"

"不错,"郝金斯的父亲回答说,"话说得很凶。可是请记住,从来没有人会踢一只死了的狗。"

是的,没有人去踢一只死狗。别人对你的批评往往从反面证明了你的重要。你的成就引起了别人的关注。所以,在你被别人批评、品头论足、无端诽谤时，你无须自卑，走好自己的路，让他们去说吧。

马修·布拉许当年还在华尔街40号美国国际公司任总裁的时候，承认说对别人的批评很敏感。他说："我当时急于要使公司里的每一个人都认为我非常完美。要是他们不这样想的话，就会使我自卑。只要哪一个人对我有一些怨言，我就会想法子去取悦他。可是我所做的讨好他的事情，总会使另外一个人生气。然后等我想要取悦这个人的时候，又会惹恼了其他的一两个人。最后我发现，我愈想去讨好别人，以避免别人对我的批评，就愈会使我的敌人增加，所以最后我对自己说：'只要你超群出众，你就一定会受到批评，所以还是趁早习惯的好。'这一点对我大有帮助。从那以后，我就决定只尽我最大能力去做，而把我那把破伞收起来。让批评我的雨水从我身上流下去，而不是滴在我的脖子里。"

狄姆士·泰勒更进一步。他让批评的雨水流进他的脖子，而为这件事情大笑一番——而且当众如此。有一段时间，他在每个礼拜天下午的纽约爱尔交响乐团举行的空中音乐会休息时间，发表音乐方面的评论。有一个女人写信给他，说他是"骗子、叛徒、毒蛇和白痴"。

泰勒先生在他那本叫做《人与音乐》的书里说："我猜她只喜欢听音乐，不喜欢听讲话。"在第二个礼拜的广播节目里，泰勒先生把这封信宣读给好几百万的听众听——几天后，他又接到这位太太写来的另外一封信，"表达她丝毫没有改变她的意见。"泰勒先生说："她仍然认为，我是一个骗子、叛徒、毒蛇和白痴。"

面对他人的品评、批评，谁都不可能没有压力，关键是看你如何对待。如果你在心里接受了别人的批评，并暗示自己在别人眼里是多么的不完美，被人鄙视。自卑就会像一个影子随时跟着你，影响你。如果你能将别人的不公正的批评置之脑后，继续走自己的路，那么所有的事情都会不攻自破。如果你能对他们笑一笑，受害的人就不会是你。

查尔斯·舒伟伯对普林斯顿大学学生发表演讲的时候表示，他所学到的最重要的一课，是一个在钢铁厂里做事的老德国人教给他的。"那个老德国人进我的办公室时，"舒伟伯先生说，"满身都是泥和水。我问他对那些把他丢进河里的人怎么说？他回答说：'我只是笑一笑。'"

舒伟伯先生说，后来他就把这个老德国人的话当作他的座右铭："只笑一笑。"

当你成为不公正批评的受害者时，这个座右铭尤其管用。别人骂你的时候，你"只笑一笑"，骂人的人还能怎么样呢？

林肯要不是学会了对那些骂他的话置之不理，恐怕他早就受不住压力而崩溃了。他写下的如何处理对他的批评的方法，已经成为一篇文学上的经典之作。在第二次世界大战期间，麦克阿瑟将军曾经把这个抄下来，挂在他总部的写字台后面的墙上。而丘吉尔也把这段话镶了框子，挂在他书房的墙上。这段话是这样的："如果我只是试着要去读——更不用说去回答所有对我的攻击，这个店不如关了门，去做别的生意。我尽我所知的最好办法去做——也尽我所能去做，而我打算一直这样把事情做完。如果结果证明我是对的，那么即使花十倍的力气来说我是错的，也没有什么用。"

别人的批评无论对错，你都无法制止。尤其是你位高权重时，你更需面对这样的舆论。笑一笑，你无需关注太多，更无须为他人的舆论自卑。

世界离不开小人物

当你喜欢你自己的时候,你就不会觉得自卑。

——罗兰

事实证明,世界上只有百分之二的人能够得到了不起的成功,而百分之九十八的人只能是平平常常的普通人。有些聪明能干、有远大抱负的年轻人总是瞧不起那些平凡过日子的人。他们认为这些人"没出息"、"微不足道"、"活得没意思"。当他们发现自己奋斗失败,面对和常人一样平淡无奇的生活,就觉得生活无聊透了,生出了无尽的烦恼。

其实,做一个平凡的小人物也并没有什么不光彩的。生活中我们常常忽略了小人物,可小人物并非是愚人蛮者,恰恰相反,多是能工巧匠。人人都有自己的生活方式,小人物没有大人物的辉煌,但却有自己平实的欢乐,我国著名物理学家钱学森是这样用先人的哲理启发他的学生认识这个问题。

当时,有个别学生因专业不对口而思想波动,认为从事火箭导弹事业是大改行,所学非所用,搞不出什么名堂来,白白贻误了青春,当"大科学家"、"大人物"的梦想破灭了,因而,不安心做"专业不对口"的"小人物"。

钱学森了解到这个情况之后,讲了一番富有哲理、幽默风趣的话,产生了很好的效果。他说:"我想,当人类还生活在伊甸园的时候,是分不出什么大人物和小人物的。只是人类自然渐渐地感到大家都是一般高低的生活太乏味了,于是,才有人站在了高处,成了大人物。人群里便有了大人物与小人物。

"其实,少数大人物的存在,首先是因为有千千万万不显眼的小人物的衬托而存在的。时常是小人物成就着那些大人物。小人物就像池塘里的水,大人物就像浮出水面香气袭人、亭亭玉立的荷花。试想,没有水,荷花何以生存?"

　　"人们往往只看到少数大人物的作用。实际上,在日常生活和平凡的事业中,小人物比大人物更不可少。虽说不想当元帅的士兵不是好士兵,但是,如果每一个士兵都想当元帅的话,那支军队肯定是无法打仗的。拿破仑再厉害,真正动刀枪的还是成千上万的士兵。"

　　正如钱学森所说,有了小人物的安分,才成就了大人物的辉煌。大人物蓝图一描,众多勤恳的小人物努力为之工作,成绩便被一点一滴地造就出来。成绩辉煌之后,大人物更有了资本,于是靠着一丝思想的灵感,继续推动着世界前进的脚步。

　　一个站在山顶上的人和一个站在山脚下的人,所处的地位虽然不同,但在两者眼中所看到的对方却是同样的大小。所以如果你是一个平平常常的小人物,那就千万不要妄自菲薄,不要自寻烦恼,不要因为仰慕大人物头上的光环而忽略了自己的生活。

别把自己悬在空中

　　虚荣心很难说是一种恶行,然而一切恶行都围绕虚荣心而生,都不过是满足虚荣心的手段。

——柏格森

　　有人为了虚荣不惜"打肿脸充胖子",外面看上去很"光彩",但吃苦受罪的还是自己,为了外表的"光彩"而遭受实在的痛苦,这不是很可悲的一件事吗？

莫泊桑有一篇关于虚荣心的小说《项链》，女主人公玛蒂尔德和丈夫结婚后，总在幻想自己家里富丽堂皇，摆满了银器，生活优越奢华。虽然丈夫对她百般呵护，疼爱有加，她仍然不能满足于现状。她渴望步入上流社会结交权贵，成为人人羡慕的贵妇。

一次偶然的机会，丈夫为她弄到一张舞会的票，由于舞会上有达官显贵的出现，她高兴至极，用家里的积蓄为自己精心订做了一套晚礼服。可是，却没有与之相配的首饰珠宝，她只好去找朋友借，朋友倒是非常客气，让她在自己的首饰盒里随便挑，她选中了一串钻石项链，舞会那天的晚上，她光彩照人，跳了个尽兴。回到家之后，她依然不能忘记自己在舞会上受人追捧的情景，她想要在镜子面前仔细欣赏一下自己迷人的风采，却发现项链不知在什么时候丢了。她吓得魂飞魄散，和丈夫一起找遍了大街小巷仍然一无所获，最后在一家珠宝商人那里看到了和那串项链一模一样的项链，价格却高得吓人。但是为了还朋友的项链，她只好以借贷的形式买下了那串项链。

为此，她付出了十年的青春让丈夫和她一起还那串项链的借款。十年之后，当她再一次和朋友相见时，朋友怎么都认不出她了，因为她看上去比实际年龄老了很多，衣服也穿的破烂不堪，手上的皮肤干涩而粗糙。……十年的苦难她其实没有必要去受，虚荣毁了她，让她为那条项链付出了昂贵的代价。

现实中，类似的例子还有很多，许多人因为虚荣吃亏上当，甚至有苦说不出，打掉牙往肚子里咽。

小镇里有一个人在家里特怕老婆。可是为了争面子，外人面前他从来都说自己是一家之主，老婆什么事儿都依着他。一天，一个小贩背了一卷地毯沿街叫卖，他和一群邻居在树下纳凉，津津有味地和邻居说着老婆怎么怎么怕他。碰巧这个小贩过来了，小贩把一卷地毯放在他面前，听完他的高谈阔论之后，就开口和他讲生意："大哥，你买一块地毯吧，回去铺在地上又美观又干净，累了往上一躺，都不用脱鞋的。"众人让这个小贩打开地毯看一看，花色确实很漂亮，就劝他买下，他佯装称赞一番，又说有点贵，不买。

小贩把价钱降了一降，他却仍然说贵。小贩和他磨了半天嘴皮子仍然无法动摇他的决心。这时，小贩卷起了地毯，拍拍他的肩膀说："大哥，是怕老婆吧！做不了老婆的主就明说嘛！我不会为难你的。"只见他的脸一下子从耳根红到脸，眼睛瞪得溜圆："谁说的，我老婆在家得听我的，我让她往东，她不敢往西，我做不了她的主，反了她了。到底多少钱？我买了。"小贩一下子眉开眼笑："大哥，看你这么爽快，那就300元了，算便宜卖给你，以后咱俩做个朋友。"就这样，一笔交易完成了。后来，听说他买回去的那块地毯质量差得要命，他被老婆狠狠地骂了一顿，却一声都不敢回。

这就是虚荣的结果，为了撑起一个在别人眼里的高大形象，只好自己吃亏受累。人其实没有必要活得那么累，每个人都有自己的人生路，假如人人都让这种虚荣心左右，那么还有什么个性可言，世界会少了多少色彩？如果为了满足自己的虚荣心去出卖自己的灵魂，岂不悲惨？你就是你，我就是我，这个世界比你强的人有很多，比你差的也同样也不少，用心活出一个个性的自我，就是你自身的价值所在。没有必要去为虚荣卖命，因为它会引导你走入歧途，甚至毁了你。

自嘲也是一种智慧

自嘲本是后山人，偶做前堂客，醉舞经阁半卷书，坐井说天阔。

——丁元英

人的一生，谁都难免会有失误，谁身上都难免会有缺陷，谁都难免会遇上尴尬的处境。虚荣的人喜欢藏藏掩掩、喜欢辩解。其实越是藏藏掩掩，心理越是失衡；越是辩解，却会越辩越丑，越描越黑，最佳的办法是学会嘲笑自己。

美国著名演说家罗伯特，头秃得很厉害，在他头顶上很难找到几根头发。在他过60岁生日那天，有许多朋友来给他庆贺生日，妻子悄悄地劝他戴顶帽子。罗伯特却大声说："我的夫人劝我今天戴顶帽子，可是你们不知道光着秃头有多好，我是第一个知道下雨的人！"这句自嘲的话，一下子使聚会的气氛变得轻松起来。

美国第16任总统林肯长相丑陋，可他不但不忌讳这一点，相反，他常常诙谐地拿自己的长相开玩笑。

在竞选总统时，他的对手攻击他两面三刀，搞阴谋诡计。林肯听了指着自己的脸说："让公众来评判吧，如果我还有另一张脸的话，我会用现在这一张吗？"

还有一次，一个反对林肯的议员，走到林肯跟前挖苦地问："听说总统您是一位成功的自我设计者？""不错，先生。"林肯点点头说，"不过我不明白，一个成功的自我设计者，怎么会把自己设计成这副模样？"

这两位伟人有不尽如人意的地方。不过他们并没有遮遮掩掩，否认自己的不足，反而以此来自嘲，既带动了气氛，又显示了智慧，不能不说是一种人格魅力的突显。

某国一位领导人最爱讲一个有关他本人的笑话："有一位总统拥有100个情妇，其中一个染有艾滋病，但很不幸，他分不出是哪一个。另一位总统有100个保镖，其中一个是恐怖分子，但很不幸，他不知是哪一个。"接着他嘲笑自己改革经济所作的努力，"而我有100个经济专家，其中有一个是很聪明的，但很不幸，我却不晓得是哪一个。"

这位领导人趁着别人还来不及说长道短、评东论西时，在谈笑调侃中将自己经济改革中的失误，轻轻松松地说出来，帮助自己摆脱了尴尬难堪的局面。

自嘲是一种特殊的人生态度，它带有强烈的个性化色彩。作为生活的一种艺术，自嘲具有调整自己和环境的功能。它不但能应付周围众说纷纭带来的压力，摆脱心中种种失落和不平衡，获得精神上的满足和成功，还能给别人增添快乐，帮助别人更清楚地认识真实的自己。

人总有一些地方不能与别人相比，如果故意掩盖，反而让别人觉得有笑料可挖，就越想把事情搞明白。这样，自己的压力也就越来越大。与其让别人去挖，干脆自己承认好了，这样既满足了别人的好奇心，又释放了压力。如果再艺术地自嘲一下，别人笑过之后也就不会再去探究什么了。可是，世界上就是有许多人不想承认自己的不足，更不会以自嘲的方式去解脱自己。

伊索寓言里的那只狐狸用尽了各种方法，拼命地想得到高墙上的那串葡萄，可是最后还是失败了，于是只好转身一边走一边安慰自己："那串葡萄一定是酸的。"这只聪明的狐狸得不到那串葡萄，心里不免有些失望和不满，但它却用"那串葡萄一定是酸的"来解嘲，使失望和不满化解，使失衡的心理得到了平衡。

连狐狸都会给自己台阶下，人的聪明才智到哪里去了？虚荣的心让许多人骑虎难下，如果别人不给他梯子，他就不会自己下来，而聪明人的可贵之处在于清楚地知道自己的不足，即使别人不给梯子，自己也可以下来。这个梯子就是自嘲。

你能比得过"比尔·盖茨"吗？

一切真正的和伟大的东西，都是纯朴而谦逊的。

——别林斯基

人都有各自的特点，既有长处，也有短处。为了虚荣盲目和别人攀比，到头来只会让自己受害。

国王的御橱里有两只罐子，一只是陶的，另一只是铁的。骄傲的铁罐瞧不起陶罐，常常奚落它。

"你敢碰我吗，陶罐子？"铁罐傲慢地问。

"不敢，铁罐兄弟。"谦虚的陶罐回答说。

"我就知道你不敢，懦弱的东西！"铁罐说着，显出了更加轻蔑的神气。

"我确实不敢碰你，但不能叫做懦弱。"陶罐争辩说，"我们生来的任务就是盛东西，并不是用来互相撞碰的。在完成我们的本职任务方面，我不见得比你差。再说……"

"住嘴！"铁罐愤怒地说，"你怎么敢和我相提并论！你等着吧，要不了几天，你就会破成碎片，消灭了，我却永远在这里，什么也不怕。"

"何必这样说呢，"陶罐说，"我们还是和睦相处的好，为什么要争吵呢!"

"和你在一起我感到羞耻,你算什么东西!"铁罐说,"我们走着瞧吧,总有一天,我要把你碰成碎片!"

陶罐不再理会。

时间过去了很久,世界上发生了许多事情,王朝覆灭了,宫殿倒塌了,两只罐子被遗落在荒凉的废墟上。历史在它们的上面积满了渣滓和尘土,一个世纪连着一个世纪。

许多年以后的一天,人们来到这里,掘开厚厚的堆积,发现了那只陶罐。

"哟,这里有一只罐子!"一个人惊讶地说。

"真的,一只陶罐!"其他的人都高兴地叫了起来。

大家把陶罐捧起,把它身上的泥土刷掉,擦洗干净,和当年在御橱的时候完全一样,朴素、美观。

"一只多美的陶罐!"一个人说,"小心点,千万别把它弄破了,这是古代的东西,很有价值的。"

"谢谢你们!"陶罐兴奋地说,"我的兄弟铁罐就在我的旁边,请你们把它掘出来吧,它一定闷得够受的了。"

人们立即动手,翻来覆去,把土都掘遍了。但一点铁罐的影子也没有。——它,不知道什么年代,已经完全氧化,早就无踪无影了。

铁罐和陶罐各有短长。人同样如此,一味地和别人攀比,对自己没有任何好处,除了给别人增加一点饭后的谈资。

盲目的攀比究其原因就是因为虚荣,虚荣是一件很危险的事,有时甚至能将人引入绝境。

1999年,杨丽考取了北京一所名牌大学的经济管理系。

杨丽刚进大学的那些日子想着家里的经济困窘,父母的操心劳累,只顾埋头学习,一心想用优异的学习成绩来报答父母。她成了全系几百名同学中的佼佼者,还获得了为数不算太多的一笔奖学金。然而,当她穿着简朴的衣服出现在那些时髦、阔气的同学面前时，她自惭形秽。

同宿舍里有个叫李杰的女孩，思想很开放，常常对她说，你这么漂亮，应该趁着年轻赶快捞钱。李杰一般下午下课了就出去，很晚才回来，周末还不回来。每次她回来总会买许多零食给大家。但是同学们仍很鄙视她。

李杰有一次对她说："你需要钱吗？学坏呀！你没听说女人一变坏就有钱吗？其实女孩挣钱是很容易的，傍大款，既潇潇洒洒地享受了，又没耽误挣钱。"

她知道李杰不是开玩笑，可那些话在她听来还是非常刺耳。

这一年的暑假，杨丽没有回家乡去，而是按照李杰的介绍到海淀区的一家歌舞厅去打工。她从客人们的眼中真正体会到了女孩子漂亮的价值。简直不费吹灰之力，钱就挣到手了。她开始"出卖"自己。那些所谓的廉耻和贞操，在金钱面前是那样苍白无力和不堪一击。

她第一次从一个有钱的50多岁的老头儿那里挣了一笔钱。

从此以后，杨丽穿名牌，佩手机，她的虚荣心终于得到了满足。

2001年10月，杨丽在一家夜总会认识了一个年近40岁、个子不高、相貌平平的北京男子。翻云覆雨之后，这位名叫朱森的老板塞给她2000元小费。朱森是北京某家洁具厂的副厂长，在上海负责一家销售公司。

从此，两人俨然一对热恋中的情人，出双入对，形影不离。

2002年初，朱森因为股票上被"套牢"，资金周转困难，找她借2万元钱。她没有任何犹豫就给他了，也没有让他写借条。

事后不久，朱森的妻子带着8岁的孩子从上海来到北京。

这对整天想着和他结婚过踏实日子的杨丽来说简直是五雷轰顶。

朱森到这时终于露出了他的豺狼面目，一脸无赖地说："我就是图个玩女人不花钱！"杨丽威胁要去告他。他反问："事情如果败露了，看你怎么做人。"她没了办法，央求他归还2万元钱。那个禽兽不如的家伙居然没有人性地说："钱？谁能证明我向你借钱了？"

杨丽万般无奈，向一个常到夜总会来玩、自称是黑道老大的何鸣说了。何鸣是个彻头彻尾的恶棍。听了以后，声称一定要为她讨回公道。于是，两人商量了一个计划，敲诈朱森10万元钱。

2002年3月16日晚上，杨丽在电话里使尽媚术，骗朱森出来过夜。她在饭店的洗手间里给何鸣打了手机。20分钟之后，他带了3个小流氓破门而入……朱森拿出了3万多元钱。然而杨丽付出的代价也是惨重的。从那天起，何鸣让她必须随叫随到，还分文不付。

3个月后，杨丽因卖淫和涉嫌敲诈勒索罪被逮捕了。

杨丽因为与人盲目攀比而身心堕落，直致落入法网，让多少人为之摇头叹息？一个正值青春妙龄的女大学生，如果不是虚荣，不与别人盲目攀比，怎么会毁了自己的一生？

虚荣是一件很可悲的事，为了所谓的"面子"出卖自己，更是不值！对一个人来说，最重要的是走好自己的路，实在没有必要为了虚荣而与人攀比。

在其位则尽其职

自己是什么就做什么。是西瓜就做西瓜，是冬瓜就做冬瓜，是苹果就做苹果；冬瓜不必羡慕西瓜，西瓜也不必嫉妒苹果……

——蔡志忠

孔子说："君子素其位而行，不愿乎其外。"意思是说，君子安于现在所处的地位去做应做的事，不生非分之想。

素位而行，近于《大学》里面所说的"知其所止"，换句话说，叫做安守本分，也就是人们常说的——安分守己。这种安分守己是对现状的积极适应、处置，是什么角色，就做好什么事。要量力而行，不可好高骛远，"这山望着那山高"，到最后捡了芝麻丢了西瓜，甚至连芝麻也丢了。

人能守本分，才能尽本事。就像小鸟飞翔在天空中，其嘹亮的歌声，为大自然增添了无尽的生气，这就是它们的本分和本事。

作为人，本分是安分守己，本事是发挥能力为人民服务。但是很多人只是想展现自己的本事，希望得到更多人的羡慕和称赞，以满足自己的虚荣心，却不愿守住本分，最终导致人生走向脱序违规。

一位年轻人靠卖鱼维持生计。有一天，他一面吆喝，一面环视四周，注意看是否有人来买鱼。突然，一只老鹰从空中俯冲而下，从他的鱼摊叼了一条鱼后立刻转身飞向空中。卖鱼郎生气地大喊大叫，可是，老鹰丝毫不把他放在眼里，最后他只能无奈地看着那只老鹰愈飞愈高、愈飞愈远……

卖鱼郎气愤地自言自语："可惜我没有翅膀，不能飞上天空，否则一定不放过你！"那天他回家时，经过一座地藏庙，他就跪在地藏庙里，祈求地藏王菩萨保佑他变成老鹰，能展翅于天空。从此以后，他每天经过地藏庙的时候，都会进去虔诚地祈祷。

一群年轻人看到他天天向菩萨祈求，就很好奇地议论起来，其中一人说："这位卖鱼的人，每天都希望能变成一只老鹰，可以飞上天空。"另一人说："哎哟，他光傻傻地祈求，要求到何时？不如我们戏弄戏弄他！"大家交头接耳，如此这般，想出一招妙计。

第二天，其中一位年轻人先躲在地藏菩萨像的后面。卖鱼郎如期而来，照样虔诚地祈求、礼拜。这时，躲在菩萨像后面的那位年轻人就说："你求得这么虔诚，我要满足你的愿望，你可以到村内找一株最高的树，然后爬到树上往下跳试试看。"

卖鱼郎一听菩萨显灵了，异常兴奋，忙点头称是。然后就非常欣喜地跑进村里找到一株最高的树，按照地藏菩萨的指示，爬到了树上。那株树实在太高了，他愈往上爬，愈觉得害怕，不过为了像老鹰一样在空中自由的飞翔，他坚持向上爬。

终于，他爬上了树顶，向下看——"哇！这么高！我真的能飞吗？"那群年轻人站在大树底下，故意七嘴八舌地说："你们看，树上好像有一只大老鹰，不知道它会不会飞？""既然是老鹰，一定会飞了！"

卖鱼郎听了心里很高兴，他想：我果然已变成一只老鹰了！既然是老鹰，哪里有不会飞的呢？于是展开双手，摆出展翅欲飞的姿势，纵身一跃，跳了下来。可是，他没有像想象的那样飞向广阔的蓝天，而是飞快的向地面坠落……最后幸好落在水草之中，保住了一条性命。

那些年轻人跑过来，幸灾乐祸地取笑他。他说："你们笑什么？我是两只翅膀跌断了，不是飞不起来啊。"那些年轻人指着他，一个个笑得前仰后合说不出话来。

一个人要守本分，才能尽本事，若只想逞能显本事，却没有守好自己的本分，自不量力去做超越自己能力的事，结果就会像这位卖鱼郎一样，自食其果。

所以，不要去妄想什么，只问自己该做什么吧——这就是素位而行，安分守己。

"分"是本分，"己"是指自己活动的范围，安分守己的意思就是指规矩老实，守本分。而在这个日新月异、崇尚物质的时代，又有多少人是规矩老实、坚守本分的呢？越来越多的人不能素位而行，安分守己，他们心存妄想，逞强好胜，只知道羡慕甚至嫉妒别人，最终导致失败，简直是咎由自取。

炫富——自找麻烦的笨蛋！

持而盈之不如其已；揣而锐之不可长保；金玉满堂莫之能守；富贵而骄，自遗其咎。功遂身退，天之道。

——老子

如果你有才，不要骄傲自满，以为全世界数自己最聪明；同样，如果你有财，也不要恃财自傲。

自古以来，金钱就是一个人身份和地位的象征。有道是"有钱气也壮"，于是，很多富人就常常自以为有了夸耀的本钱，不分场合和地点地炫耀自己，这就是我们常说的"露富"。事实上，一个人不可盲目露富，否则会倾家荡产甚至引来杀身之祸。

有一个成语叫"静水深流"，简单地说来就是我们看到的水平面，常常给人以平静的感觉，可这水底下究竟是什么样子却没有人能够知道，或许是一片碧绿静水，也或许是一个暗流涌动的世界。无论怎样，其表面都不动声色，一片宁静。大海以此向我们揭示了"贵而不显，华而不炫"的道理，也就是说，一个人在面对荣华富贵、功名利禄的时候，要表现得低调，不可炫耀和张扬。

沈万三，元末明初人，号称江南第一豪富。原名沈富，字仲荣，俗称万三。万三者，万户之中三秀，所以又称三秀，作为巨富的别号。

沈万三拥有万贯家财，但他却不懂得"静水深流"的道理。为了讨好朱元璋，给他留个好印象，沈万三竭力向刚刚建立的明王朝表示自己的忠诚，拼命地向新政权输银纳粮。朱元璋不知是捉弄沈万三呢，还是真想利用这个巨富的财力,曾经下令要沈万三出钱修筑金陵的城墙。沈万三负责的是从洪武门到水西门一段,占金陵城墙总工程量的三分之一。可他不仅按质按量提前完了工,而且还提出由他出钱犒劳士兵。沈万三这样做,本来也是想讨朱元璋的欢心,没想到弄巧成拙。朱元璋一听,当下火了,他说:"朕有雄师百万,你能犒劳得了吗?"沈万三没有听出朱元璋的话外之音,面对如此刁难,他居然毫无难色,表示:"即使如此,我依然可以犒赏每位将士银子一两。"

朱元璋听了大吃一惊,在与张士诚、陈友谅、方国珍等武装割据集团争夺天下时,他就曾经由于江南豪富支持敌对势力而吃尽苦头。现在虽已立国,但国强不如民富,这使朱元璋感到不能容忍。更使他火冒三丈的是,如今沈万三竟敢越俎代庖,代天子犒赏三军,仗着富有将手伸向军队。朱元璋心里怒火万丈,但他并没有立即表现出来,在心底决定要找机会治治这沈万三的骄横之气。

一天,沈万三又来大献殷勤,朱元璋给了他一文钱。朱元璋说:"这一文钱是朕的本钱,你给我去放债。只以一个月作为期限,初二起至三十日止,每天取一对合。"所谓"对合"是指利息与本钱相等。也就是说,朱元璋要求每天的利息为100%,而且是利上滚利。

沈万三虽然满身珠光宝气,但腹内却没有装多少墨水,财力有余,智慧不足。他心里一盘算,第一天一文,第二天本利2文,第三天4文,第四天才8文嘛。区区小数,何足挂齿!于是沈万三非常高兴地接受了任务。可是回到家里再仔细一算,不由得就傻眼了。第十天本利还是512文,可到第二十天就变成了52万多文,而到第三十天也就是最后一天,总数竟高达5亿多文。要交出如此多的钱,沈万三就是倾家荡产也不一定够啊。

后来,沈万三果然倾家荡产,朱元璋下令将沈家庞大的财产全数抄没后,又下旨将沈万三全家流放到云南边地。这一切都是他不知富不能显、富不能夸,为富要自持、谦恭,才能长久保持富贵的道理造成的。

真正有钱的人是从来不露富的，真正有品味有档次的人，都是从来不招摇的。你看比尔·盖茨什么时候炫耀过？你看李嘉诚什么时候显摆过？也只有那些爱慕虚荣不知自己几斤几两的人，喜欢戴着粗俗的金项链满大街转悠。

你就是个普通人！

不登高山，不知天之高也；不临深溪，不知地之厚也。

——《荀子》

　　有人感叹说："人啊，别拿自己不当回事，也别拿自己太当回事。"乍听起来，似乎不通，但细细琢磨，大有深意。不拿自己当回事，是严重的自卑；拿自己太当回事，则是典型的自负。前者自轻自贱、妄自菲薄、自我否定，好像生来就不如人，时时不如人，处处不如人。后者妄自尊大、目空一切、自我膨胀，好像生来就高人一等，无人可比。后者很明显是属于虚荣心过强的一类人。

　　这类人在虚荣心的促使下，失去了对自我的客观评价，他们觉得这个世界上"唯我最大"，"舍我其谁"，一副不知天高地厚的样子，说大话，吹大牛，以示自己是多么的与众不同和出类拔萃。

　　有一只黑雁从小生长在雁群中，但是后来它觉得自己和其他伙伴越来越格格不入了。随着黑雁不断长大，它的身躯变得比一般的伙伴都要庞大，而且它是一身黑色，这样看来，它简直就是这个群体中的异类了。

　　同伴们并没有因为它的与众不同而排挤它，但是它却开始瞧不起自己的同伴了。

"它们一个个那么瘦小，真是可悲，而且颜色还那么难看，哪有我这种黑色高贵！哦！生活在这样一个家庭里真是太不幸了，我本来应该和黑色的乌鸦生活在一起的……"

黑雁觉得乌鸦的生活很有情调，就像一位高贵的黑衣妇人，可以整天什么都不干，闲的时候还可以唱唱歌。于是，黑雁一心一意想要搬去和乌鸦同住。可是，乌鸦发现黑雁长得和自己不一样，而且声音也不一样，因此不想让它和自己一起住。

乌鸦带着厌恶的口气说："难道你不知道吗？你和我根本就不是同一类，你再怎么高贵也只是一只大雁，我不会喜欢你的……"

吃了闭门羹的黑雁无可奈何地只好回头去找它原来的伙伴。

"你不是看不起我们吗？和我们在一起会给你丢脸的，你还是走吧，这里没有人欢迎你！"

于是黑雁只好孤单地离开了雁群，在天空中发出凄凉的叫声。

生活中，类似黑雁的"拿自己太当回事"的人还真不少。有的人刚当上个小小的什么官，就仿佛做了皇帝；有的人刚发了一点小财，就仿佛成了亿万富翁；有的人刚有了点小名气，就以为"老子天下第一"。这种人妄自尊大、目空一切、自我膨胀，好像生来就高人一等，无人可比。

如果一个人太把自己当回事，也就是太自负了，就容易陷入一种莫名其妙的自我陶醉之中，变得不切实际地自高自大起来。他无视所有人对他的不满和提醒，终日沉浸在自我满足之中，对一切功名利禄都要捷足先登，这样的人得到的永远都是大家对他的不屑和蔑视。

所以，众叛亲离是对爱慕虚荣和忘本之人的惩罚。清楚地认识你自己，莫拿自己太当回事，否则你会处处遭到别人的排斥。

有一个自以为很有才华的人，一直得不到重用，为此，他愁肠百结，异常苦闷。有一天，他去质问上帝："命运为什么对我如此不公？"

上帝听了沉默不语，只是捡起了一颗不起眼的小石子，并把它扔到乱石堆中。上帝说："你去找回我刚才扔掉的那个石子。"

结果，这个人翻遍了乱石堆，却无功而返。这时候，上帝又取下了自己手上的那枚戒指，然后以同样的方式扔到了乱石堆中。结果，这一次，他很快便找到了那枚戒指，因为那是枚金光闪闪的金戒指。

上帝虽然没有再说什么，但是他却一下子醒悟了。你之所以得不到重用，那是因为你还是一颗石子！

工作中，我们常常听到有人说："公司根本就不了解我的实力。""上司没有眼光，所以我再努力也得不到他的赏识。""那个业务，如果老总让我去谈，我一定能搞定。"

然而问题是，这真的都是别人的错吗？千万不要做一个自己没有实力却怪别人没眼光的人。不要太拿自己当回事，别人对你的评价不应轻看。

小赵因为工作的变动，到了一个全新的部门，这个部门似乎没有以前的职位风光，也没有以前的地位显赫。虽然是正常的工作调动，但他总是担心别人会怀疑他是不是犯了错误，腐败了，下来了，等等。所以，他好长时间都不敢出门。

有一天，他在街上碰到一位老同学小韩，同学问："听说兄弟混得不错啊，现在调到哪里了？"小赵说："哪里，刚调北京办事处去了。"小韩拍着他肩膀说："好呀，祝贺你了。"两人又寒暄了几句就分手了。小赵后来就老琢磨着小韩的话，越琢磨越觉得他是在笑话自己。

没想到过了几天，在超市又遇到了小韩，他笑着说："听说你调到新的部门了？调到哪里了？"

小赵心想：这人怎么这样，不是同你说过了吗？真是贵人多忘事啊。但他没有表现出自己的不满，只是淡淡地说："我调北京办事处去了。"

小韩听了，一拍脑门好像一下恍然大悟地说："哎哟，你看我这记性,你上次给我说过一次了,实在对不起。"

小赵心里一下子轻松了不少,原来没有人像自己想象的那样在意自己啊。自己整天担心别人说什么,是太把自己当回事了。此后他再也不因为自己工作的调动问题而不敢出门了。

其实,所有的不堪和烦恼,所有的担心和疑惑,只是自己杯弓蛇影的自恋而已。在别人心中,自己并不是那么的重要。

一个著名作家,在一小女孩的书上签上自己的大名,却被小女孩擦掉了,还怪作家弄脏了她的书。作家很惊讶,由此得出一结论:别把自己太当回事。的确是这样,当你自我感觉良好、自命不凡的时候,也许别人根本就没把你看在眼里!

人生在世,各有各的位置,各有各的价值,我们每个人都不必拿自己不当人,也不应当拿自己太当一回事。

一屋不扫,何以扫天下?

不积跬步,无以致千里;不积小流,无以成江海。

——荀子

每天都要做这些鸡毛蒜皮的事,烦都烦死了,这岂不是浪费生命?难道我宝贵的青春就要在这些小事上消磨殆尽?

很多心高气傲的年轻人都是这样,大事干不了,小事又不愿干,到头来,小的错过了,大的眼睁睁地成了别人的囊中之物。归根到底,是因为这些人不明白,小至个人,大到一个公司、企业,它们的成功发展,都是来源于平凡工作的积累。因此不要看轻任何一项工作,没有人可以是一步登天的。当我们认真对待并做每一件事时，我们会发现自己的人生之路越来越广，成功的机遇也会接踵而来。

人如果能一心一意地做事，世间就没有做不好的事。这里所讲的事，有大事，也有小事，所谓大事与小事，只是相对而言。很多时候，小事不一定就真的小，大事不一定就真的大，大事小事可能很有关联，小事积成大事。关键在做事者的认识能力。那些一心想做大事的人，常常对小事嗤之以鼻，不屑一顾。其实连小事都做不好的人，大事是很难成功的。

先哲们常教我们"勿以善小而不为，勿以恶小而为之"。这是因为先哲们明白，"小事正可于细微处见精神。有做小事的精神，就能产生做大事的气魄。"不要小看做小事，不要讨厌做小事。只要有益于工作，有益于事业，人人都从小事做起，用小事堆砌起来的事业大厦就是坚固的，用小事堆砌起来的工作长城就是强硬的。

有位女大学生，毕业后到一家公司上班，只被安排做一些非常琐碎而单调的工作，比如早上打扫卫生，中午预订盒饭。一段时间后，女大学生便辞职不干了。她认为，凭她的学历，不应该蜷缩在厨房里，而该干更重要的事。可是一屋不扫，何以扫天下？一个普通的职员，即使有很好的见解，通常被重用前也要有一段让人认识你的时间。

一家公司的人事部经理经常感叹每次招聘员工，总会碰到这样的情形：大学生与大专生、中专生相比，大学生的素质一般比后者高。可是，有的大学生自诩为天之骄子，到了公司就想唱主角，强调待遇。可如果真正找件具体工作让他独立完成，却往往又拖泥带水，漏洞百出。本事不大，心却不小，还瞧不起别人，安排他做小事，他又觉得委屈，牢骚满腹。要知道公司招人是来工作、做事的，不成事，光要那大学生的牌子干吗？

现在，社会上有的企业急需人才，而许多大学生却被拒之于门外、不受欢迎。

一般人都不愿意做小事，但成功者与一般人最大的不同，就是他愿意做别人不乐意做的小事情。懂得成大事要从小事做起，要当经理就得从扫地开始的道理。

只要我们每件事都多做一点，每一件别人不愿意做的小事，我们都自愿地去多做一点，我们的成功率一定会高于那些摆空架子的人。

一位年轻的女工进入一家毛织厂以后一直从事编织挂毯的工作，做了几个星期之后她再也不愿意干这种无聊的工作了。

她去向主管辞职，无奈地叹气道："这种事情太无聊了，一会儿要我打结，一会儿又要把线剪断，这种事完全没有意义，真是在浪费时间。"

主管意味深长地说："其实，你的工作非常有意义；其实，你织出的很小的一部分是非常重要的一部分。"

然后，主管带着她走到仓库里的挂毯面前，年轻的女工呆住了。

原来，她编织的是一幅美丽的《百鸟朝凤图》，她所织出的那一部分正是凤凰展开的美丽的羽毛。她没想到，在她看来没有意义的工作竟然这么伟大。

在具体的一件工作中，每一件小事都可以算是大事，要想把每一件事做到完美，就必须固守自己的本分和岗位，付出自己的热情和努力。这就是做出了最好的贡献。

许多小事并不小，那种认为小事可以被忽略、置之不理的想法，只会导致工作不完美。

美国标准石油公司曾经有一位小职员叫阿基勃特。他在出差住旅馆的时候，总是在自己签名的下方，写上"每桶4美元的标准石油"字样，在书信及收据上也不例外，签了名，就一定写上那几个字。他因此被同事叫做"每桶4美元"，而他的真名倒没有人叫了。

公司董事长洛克菲勒知道这件事后说："竟有如此努力宣扬公司声

誉的职员，我要见见他。"于是，洛克菲勒邀请阿基勃特共进晚餐。

后来，洛克菲勒卸任，阿基勃特成了第二任董事长。

也许，在我们大多数人的眼中，阿基勃特签名的时候署上"每桶4美元的标准石油"，这实在是小事一件，甚至有人会嘲笑他。

可是这件小事，阿基勃特却做了，并坚持把这件小事做到了极致。那些嘲笑他的人中，肯定有不少人的才华、能力在他之上，可是最后，他却升任为了董事长。

可见，任何人在取得成就之前，都需要花费很多的时间去努力，不断做好各种小事，才会达到既定的目标。

一个人的成功，有时纯属偶然，可是，谁又敢说，那不是一种必然呢？

恰科是法国银行大王，每当他向年轻人谈论起自己的过去时，他的经历常会唤起闻者深深的思索。人们在羡慕他的机遇的同时，也感受到了一个银行家身上散发出来的特质。

还在读书期间，恰科就有志于在银行界谋职。一开始，他就去一家最好的银行求职。一个毛头小伙子的到来，对这家银行的官员来说太不起眼了，恰科的求职接二连三地碰壁。后来，他又去了其他银行，结果也是令人沮丧。但恰科要在银行里谋职的决心一点儿也没受到影响。他一如既往地向银行求职。有一天，恰科再一次来到那家最好的银行，"不知天高地厚"地直接找到了董事长，希望董事长能雇用他。然而，他与董事长一见面，就被拒绝了。对恰科来说，这已是第52次遭到拒绝了。当恰科失魂落魄地走出银行时，看见银行大门前的地面上有一根大头针，他弯腰把大头针拾了起来，以免伤到路人。

回到家里，恰科仰卧在床上，望着天花板直发愣，心想命运为何对他如此不公平，连让他试一试的机会也没给，在沮丧和忧伤中，他睡着了。第二天，恰科又准备出门求职，在关门的一瞬间，他看见信箱里有一封信，拆开一看，恰科欣喜若狂，甚至有些怀疑这是否在做梦，他手里的那张纸是银行的录用通知。

原来，昨天就在恰科蹲下身子去拾大头针时，被董事长看见了。董事长认为如此精细谨慎的人，很适合当银行职员，所以，改变主意决定雇用他。正因为恰科是一个对一根针也不会粗心大意的人，因此他才得以在法国银行界平步青云，终于有了功成名就的一天。

于细微处可见不凡，于瞬间可见永恒，于滴水间可见太阳，于小草间可见春天。如果我们要想成功，就必须沉下心来，脚踏实地从眼前的事做起、从一点一滴的小事做起，这是任何成功者所必须经过的积累与锻炼。

别让赞美把你吹成气球

不畏浮云遮望眼，只缘身在最高层。

——王安石

在生活中，被别人追捧、赞扬的时候，我们要考虑：如对方是因为爱，就会有偏袒；如是因为害怕，就会有不顾事实的讨好；如是因为有求于自己，便会有虚夸。所以，我们必须在一片赞扬声中，保持足够清醒的头脑。

欧洲有位著名的女高音歌唱家，30岁便已享誉全球，而且也已经有了美满的家庭。有一年，她到邻国开一场个人演唱会，这场音乐会的门票早在一年前就已经被抢购一空。

表演结束之后，歌唱家和她的丈夫、儿子从剧场里走了出来，只见堵在门口的歌迷们一下子全拥了上来，将他们团团围住。每个人都热烈地呼喊着歌唱家的名字，还不乏赞美与羡慕的话。

有人恭维歌唱家大学一毕业就开始走红了，而且年纪轻轻便进入国家级的歌剧院，成为剧院里最重要的演员；还有人恭维歌唱家，说她25岁时就被评为世界十大女高音歌唱家之一；也有人恭维歌唱家有个腰缠万贯的大公司老板做丈夫，而且还生了这么一个活泼可爱的小男孩……当人们议论的时候，歌唱家只是安静地聆听，没有任何回应与解答。

直到人们把话说完后，她才缓缓地开口说："首先，我要谢谢大家对我和我家人的赞美，我很开心能够与你们分享快乐。只是，我必须坦白地告诉大家，其实，你们只看到我们风光的一面，我们还有另外一些不为人知的地方。那就是，你们所夸奖的这个充满笑容的男孩，很不幸是个不会说话的哑巴。此外，他还有一个姐姐，是个需要长年关在家里的精神分裂症患者。"

歌唱家勇敢地说出这一席话，当场让所有人震惊得说不出话来，大家你看看我，我看看你，似乎难以接受这个事实。

我们不能不为这位歌唱家的理智和清醒喝彩！有多少人曾经在一片赞扬声中，迷惑了双眼，最终导致了失败。最令人扼腕叹息的恐怕该是王安石笔下的仲永了。

金溪县有个叫方仲永的人，他家世世代代以种田为业。方仲永长到5岁时便能做诗，并且诗的文采和寓意都很精妙，值得玩味。县里的人对此感到很惊讶，慢慢地都把他的父亲高看一等，有的还拿钱给他们。他父亲认为这样有利可图，便每天拉着方仲永四处拜见县里有名望的人，让他表演做诗，却不抓紧孩子的学习。到最后，方仲永已与众人无异。他的聪明才智最终被完全埋没了。

世界上许多伟大的人物，能够清醒地认识自己的成功，对待他人的赞美，他们谦虚理智，有的甚至还很反感别人对他的赞扬。

在第二次世界大战中，丘吉尔对英伦之护卫有卓越功勋。战后在他退位时，英国国会拟通过提案，塑造一尊他的铜像置于公园，令众人景仰。一般人享此殊荣高兴还来不及，但丘吉尔却一口回绝。他说："多谢大家的好意，我怕鸟儿喜欢在我的铜像上拉粪，还是请免了吧。"

牛顿，是杰出的学者、现代科学的奠基人，他发现了万有引力定律，建立了成为经典力学基础的牛顿运动定律，出版了《光学》一书，确定了冷却定律，创制了反射望远镜，还是微积分学的创始人……功绩显赫，光彩照人。可当听到朋友们赞扬他的时候，他却说："不要那么说，我不知道世人会怎么看我。不过我自己只觉得好像一个孩子在海边玩耍的时候，偶尔拾到几只光亮的贝壳。但关于大海的真正知识，我还没有发现呢。"

有这样谦逊好学、永不满足的精神，牛顿的成功是必然的。古今成大事业、大学问者，正是因为有了正确对待他人赞扬的态度和谦逊好学的精神，才达到人生的光辉顶点的。

第二章
遇事，多往坏处想想

在待人接物上，有的人显得很幼稚：把人和事想得太好，一旦不如意便觉得似乎天都塌下来，所以跟人交往要么容易吃亏上当，要么动辄得咎。另有一些人则显得成熟老练：能看清人，也总能做对事。古人说"人情练达即文章"，要想写好这样一篇大文章，不妨凡事先往坏处想一想，有了这样的心理准备，就能拥有平和的心态。

学会顺其自然

车到山前必有路，船到桥头自然直。

——民间俗语

一个假日午后，一位母亲带着一家大小到山上赏花。天气分外晴朗，赏花的人好像比山上的花还要多。人影在花丛中攒动，有照相的，有吃东西的，有谈天说地的，信步走着，看在眼里真有趣。

女儿在前头蹦着跳着开道，太阳照着满山的樱花、杜鹃，照着来往穿梭着的赏花的人流，让人不由得感叹生活的美好。

不知何时，女儿扯住妈妈的衣袖，不停地摇动，她的另一只小手指着一丛红艳的杜鹃，说："妈妈，为什么那个花不香？"

母亲愣了一下，但随意答道："哪个花？哦！这是好看的，不太香。"

她不服气也不满意的噘起小嘴说："花都应该是香的嘛！"

回家之后，女儿的声音缭绕在母亲心头，久久不散：花都应该香嘛！究竟这有没有道理？我们不是也常想：男人都该是伟岸君子，女人都该是贤妻良母吗？我们又对不对呢？

坐下来，环视满庭花草，静静地想一想：花和草长了一院子，可是杜鹃、山茶、桂花、百合、太阳花、兰花……没有一样是跟别的花草相同的，它们都各有特色。看见迎春花便可以嗅到早春的气息；看见石榴花便知是五月榴花照眼明；桂花和红叶捎来秋意；苍松和腊梅象征冬寒。

如果我们顺着自然去要求，那么一定可以心满意足；可是，若要在夏天赏梅，春天看红叶，想必会大失所望。人是自然的产物，也和大自然中其他生物一样各具特色，这个人适合统领三军，那个人精于舞文弄墨，各有天赋，各有使命。

人若能知道植物花草的特长，加以妥善运用，不仅能使环境增辉，更能美化生活，增添情趣。人若能像顺应花草的自然天性一样去顺应自己的能力和体力，不在自己力所不能及的事情上强出头，就能营造自己理想中的生活，展现自己理想中的自我。当然每个人都渴望拥有理想的生活，但他们认为主要问题在于生活得过于紧张，让人总觉得生活充满十万火急的紧急情况，似乎一周不工作90小时以上，就做不完应该做的事，甚至觉得会比别人少得到什么。

连大多数家庭妇女也感到人生的困惑，她们经常抱怨："除非这房子里只剩我一人，否则它永远都干净不起来！"面对家常琐事，她们表现得过于紧张，从早到晚忙得腰酸背疼，却总有做不完的事——买菜、煮饭、洗碗、洗衣、打扫房间、带孩子……似有一支无形的手枪指着自己的后脑，一个声音命令道："立即收拾好每一个碗碟，折好每一块毛巾……"她们总是暗示自己：情况紧急，必须立即做完每一件事！她们经常责怪家人不主动分担家务，却不考虑他们一天工作后的疲劳。

其实，有许多事情完全不必要立刻做，完全可以放到明天再做。而且某些事情也许不适合你做，这时你完全可以将它忽略掉，给自己一点松弛。应该学会轻松地享受生活。想要做到内心平和、生活愉悦，第一步必须承认：在大多数情况下，人们是在自造紧张情绪，生活原本不必如此忙乱；第二步，试着躺在沙发上懒洋洋地看电视，别担心如此度过周末是在浪费时间。当你学会了从容平静地度日，顺应自然并顺应天性，不去勉强别人，也不强求自己，你会发现事情不照自己的计划进行，地球照样转，生活也照样继续。

不必背负太多

万籁俱缘生,窅然喧中寂。心境本同如,鸟飞无遗迹。

——唐·柳宗元

太多的事情,即便是些好事,也会让人觉得承受不了。不论你多喜欢社交活动,也不论你多喜欢和朋友在一起,但是看到日历簿上有一段属于自己的空白时间,你心中会很奇妙地有一种安详宁静的感觉。那段时间是完全属于自己的,可以想做什么就做什么,也可以什么事都不做。在日历上留一些空白时间,会给你一种平静的感觉,感觉找到了心灵的归属。在不知道给自己留时间之前,永远找不到时间去做自己真正想做的事。但是只要能为自己留一些空白时间,就能为自己做一些事,而不只是做别人要求你做的事。通常伴侣会要求你做一些事,孩子也经常需要你帮忙,包括邻居、朋友与亲友请求你为他们做些什么,甚或陌生人的恳求也是不断的,譬如电话拜访或推销员的打扰等等,感觉上好像每个人都想侵占一点你的时间,你一点空闲时间也没有。

很好的解决之道是与自己订下约会,就像与情人或客户订下约会一样。除非有天灾人祸,否则一定要坚守约定。和自己订约会的方法简单方便,在日历上画出几个不让任何人打扰的空白日子即可,除非是有特殊的意外发生,任何人都不能抢走这段时间。也就是说任何人要求这段时间做任何事:朋友的拜访,给某人打电话,或是客户需要帮忙……任何事都不行,因为已经有计划了,而这个计划是跟自己在一起的。在这个月接近月底的时候,再找另一天划掉的空白日子,那也是个和自己约会的神圣时光,要确定那天绝不会被别的事填满。不难想象,坚持和自己约会是需要时间慢慢去适应的。刚开始这么做时,心中可能会有些不安,好像自己在消磨时光,错失良机,甚至自私自利呢!尤其是当日历上还有空白时,实在很难跟别人说自己没时间!不过事实证明和自己订约会是件很有意义的事,相信试过之后你也会这么认为。

让日历中的留白成为生活的一部分,也会是自己最珍惜最愿意保留的重要时光。但这并不是说工作不重要,或是觉得与家人在一起的时光没意思。而是这段时光对心灵有平衡与完善的作用。缺乏了这样的时间,你一定会成为一个背负太多的人,因此很容易变得暴躁易怒、沮丧不安,似乎失去了自我。所以为了避免这样的情形出现,你可以从今天开始与自己订约会。挑选一段固定的时间,某天的某一小时,或一周一次或一个月一次都可以,而且时间长短不拘,就算只是十几分钟也可以,重点在它属于你一个人,完全归你的心支配。其次是当别人要跟你约定时间时,绝对不能轻易将这段神圣的时光牺牲了。要特别珍惜这样的时光,甚至比任何时光都重要。别担心,你绝不会因此而成了一个自私自利的人。相反的,当你再度感到生命是属于自己的时候,会更有能力去为别人着想。只有真正地获得自己所需时,你才能更轻易地满足别人的需要。

有这样一个人,他经常仰望天空,暇想作为人类一员的他在宇宙中处在什么地位。宇宙让他印象最深的地方就是它的巨大——大得让他做任何"比较"都变得苍白无力。事实上,也已经没有"比较"可言了:在无限的宇宙面前,地球的地位甚至不如大海里的一滴水;而以这种比较基础来看,"他"在地球上的地位则不如一滴水中的某个原子。

如果这就是人在宇宙中的真正位置，那么我们所碰到的问题又算得了什么呢？当然，这些问题好像对我们都很重要，但是如果拿整个宇宙作参照物，它们就变得根本不值一提。

我们每天碰到的困难当然都很真实，但如果换一个较适当的基点来衡量事物，这些困难根本算不上是"大灾难"。在20世纪三四十年代，有个狂人叫做希特勒，他以病态方式屠杀了600万犹太人。30多年后，在史卡德这个地方，有个当时遭难的犹太人的儿子发现自己正陷入层层困难中：在公司里，有个家伙总是在领导面前说他的坏话；他的医生警告他以后再不许喝酒，否则要面临严重的后果；他的情人威胁他，如果不快点和他的妻子办妥离婚，就要让他身败名裂。好，如果这个人突然发现自己回到1942年的奥斯威辛集中营，会是什么结果？毋庸置疑，相比集中营来看，现在所谓的困境简直就是天堂。

你因加入到40岁人群的行列而郁郁寡欢吗？有些人根本不会为这种问题难过，他们生活在世界上的高热地区，他们的平均寿命只有37岁，不管男人或女人，他们根本就不必经历所谓"悲惨的40岁生日宴会"！

你正为每天不知道吃什么菜、做什么饭而伤脑筋吗？告诉你，这个世界每天有一万人死于饥饿，此外，还有好几百万人苦于营养不良引起的各种疾病。

房租太贵让你烦恼吗？你看到过生活在街头上的流浪汉吗？这些幸运的家伙从来不用为房租问题烦恼，他们生在街头，也死在街头。他们唯一要操心的事情，就是晚上睡觉前能不能找到一块破布御寒。

脸蛋不漂亮吗？和双目失明的人比，和四肢残缺的人比，和智障低下的人比，你愿意是后者吗？

当我们知道有这么多惨状仍然在世界上很多地方被默默地承受的时候，我们却因为在某个高雅的餐厅没占到好座位大发雷霆；因为工作中的一点点小挫折垂头丧气；因为体重没有减轻深感懊恼；为了每个月的账单抱怨不休……这就是我们的烦恼、我们的问题吗？到底拿它们来和什么标准作比较？

长期不间断的专注于痛苦是一件既不正确又不正常的事，所以，如果我们的手扭伤了还得洗衣做饭，如果我们感冒躺在床上还得担心办公桌上积压的公事，我们肯定会心烦。这一点绝对可以理解。但是我们处世的观点若只局限在这类芝麻小事上，那么即便是最微不足道的困难也可能变成人生的主要障碍，于是拘泥于这种小节终将耗尽我们宝贵而又有限的时间和精力。

两千多年前中国有一位思想家叫做庄子，这位道家的宗师所表达的思想让人悠然神往。在那个古老的时代，人们平和的心不会感到今天我们所面临的诸多紧张，他们无欲也无争，所以庄子有的是时间去思考：

老天，你觉得自己糟透了——一大叠账单、情人总是和你发生分歧、修车的费用又得花去你一大笔……算了，别烦恼了，你只不过是只该死的蝴蝶，刚刚做了个噩梦！

大多数人在人生旅途中背负了太多的东西——许多东西其实是不必要的。尽可能丢弃那些无谓的问题及烦恼吧！放松心情，轻松一下，好好想一想。我们已经很好，无论在事业上或是生活上失利，都不必背负太多，要坚信：真正的光明并不是没有黑暗的时间，只是不被黑暗遮蔽罢了；真正的英雄并不是没有卑怯的时候，只是不向卑怯屈服而已。

祸兮，福之所倚；福兮，祸之所伏

人生的小小不幸，可以帮助我们度过重大的不幸。

——伊森伯格

　　幸与不幸没有标准，它只是一种心态——无论在什么情况下，只要你觉得自己是幸运的，那么你就是幸运的。

　　反过来：遭受一点挫折，马上大呼不幸，那也只能让你感觉自己更加不幸。如果你把一点点的不幸置于显微镜下面，你甚至会被自己看到的一切吓倒。不幸的感觉只能把你带进绝望的深渊不能自拔。

　　一位将军率船队在海上航行，途中遇上了暴风雨。一名士兵因是第一次乘船，所以吓得不停地狂喊乱喊，大哭不止，让船上的人几乎都受不了，因为这让本来并不担心的人们开始感到了恐惧。将军气恼地想下令把他关起来。

　　这时将军身旁的一位校官说："不要关他，让我来处理。我想我可以使他马上安静下来。"校官随即命令水手将那位士兵绑起来，丢入海中。那个可怜的家伙一被丢下海，手脚乱舞，狂呼救命。过了几秒钟，校官才叫人把他拉上船来。

　　回到船上后，说也奇怪，刚才歇斯底里大叫不停的士兵，静静地待在舰舱一角，半点声音也没有。

　　将军好奇地问这个校官何以会如此？校官答说："在情况转变得更加恶劣之前，人们很难体会自身是多么的幸运。"

这位校官是位高明的逻辑学家，在他的手中，幸运就像球拍，而不幸则是球——只有"幸运的球拍"才能将"不幸的球"狠狠抽打出去。

这种逻辑又像大海中一个落难的人：海难是不幸的，但怀中的救生圈却让他感到自己是多么的幸运，至于漂到哪里，甚至漂多久都不是问题，因为幸运永远在他怀中——他不会因为方位、距离的变化而失去救生圈。所以即使遭遇海难，他也并不认为自己是不幸的，怀中的救生圈让他相信自己一定会获救。

从心理自慰的角度讲，无论你陷入什么样的艰难境地，都要想到：还有比这更不幸的，相比之下，我已经够幸运了！

总将自己置于幸运的基点上，会使你永远保持积极的，向上的心态。而积极心态是成功的动力。

另外，如将大海比作死亡或地狱，对那位惊恐万状的士兵而言，他无疑是到"地狱"走了一遭——如此"大难不死"的经历，让他觉得这世界已没什么可怕的事了，觉得回到船上是无比幸运的。由此可见，失败和挫折给人带来的好处是无法估量的。

一个敢于同死神微笑着说声"嗨"的人，一定会把死神吓跑。因为在死神的死亡名单上，这是一个不受欢迎的人。

如果你经常与失败这个魔鬼过招，还谈何恐惧？

很多成功的人，在这方面可以说是我们学习的楷模。他们那种面对不幸坦然置之，甚至视之为人生财富的态度不禁让我们肃然起敬。

从辩证的角度讲：幸运中隐藏着不幸，而不幸中往往会产生令人羡慕的幸运者。古人有"祸兮，福之所倚；福兮，祸之所伏"的说法，正是此意。

道理非常简单：过多的幸运只会让一个人意志逐渐薄弱，根本经不起不幸的打击，一旦遭遇波折，只能怨天尤人。

不幸对于幸运儿而言无疑是灭顶之灾，无力抗拒。因为幸运儿习惯了幸运，在他们的生活中，只有一帆风顺、心想事成，他们不认为这也是生活的一部分。他们就像温室中的花朵，失去了抗击风雨的能力。

而不幸对于那些经常遭受不幸折磨的人来说，是家常便饭，常吃这种"不幸饭"的人，意志品质都是超强的。他们清楚地知道，人生不是风调雨顺的，幸运只是偶尔光临。

幸运是有限的，不幸却是无限的。

一个过早透支了幸运的人剩下的无疑是更多的不幸。这其中自有道理：因为你几乎经不起不幸的打击，一旦被击倒，你这个没经过不幸的"魔鬼训练营"调教的人就很难爬起。如此一来，更多的不幸即会劈头盖脸地砸下来。有时候，甚至在别人看来不过是个小小的沟坎，也会成为你的生活中难以逾越的高山。

失败的不幸像多米诺骨牌，一旦倒下便不可收拾；成功的幸运却似流星陨石，轻易落不到你脚下。

但是，一个聪明的、有远见的人，一定会懂得正确对待幸运与不幸。沉湎在不幸中不能自拔，只有死路一条；而置身于幸运中不做居安思危的长远打算，后果同样不堪设想。

幸运，傻瓜也会享用。

不幸，却不是什么人都能承受得了的。

少年时的断腿和青年时几乎被人踩成肉酱的不幸经历，使韦尔斯认识到自己是不幸之中的幸运儿，因为他活了下来。这样，他不但比常人更珍惜自己的生命，而且更懂得利用生命的价值去创造理想，并以理想来支撑自己的生命力。

这是一种活着的艺术。只有掌握了这种活着的艺术，你才能活得更精彩。

不丢掉拐杖，你就别想学会走路

命运，不过是失败者无聊的自慰，不过是懦怯者的解嘲。人们的前途只能靠自己的意志、自己的努力来决定。

——茅盾

凌晨三点钟，一位绅士就不停地敲着酒店的门，酒店主人从楼上窗口看出来，十分生气地说："你给我滚开，不管你是谁！这会儿不开门，你别想喝到酒。"

绅士说："谁稀罕你的酒？我是拿我的拐杖来了。你们关门时，我忘记带它了。你知道的，我走路不能没有拐杖，这全世界人都知道的。现在我要回家了，所以请把我的拐杖还给我！"

其实，他把拐杖忘记在酒店里之后，整个晚上都在镇上四处游荡。现在，他想要回他的拐杖，因为"全世界都知道我走路不能没有拐杖"。

这个人无疑是可笑的，他并不知道自己可以独立行走，一旦恢复意识，他就要重新依靠自己的拐杖。

很多人的遭遇与他极为相似，一生依赖拐杖，以至于忘记了自己的双腿应有的功能，离开拐杖，便不会行走了。这些人在成长的过程中，遭受了外界的批评、打击，于是奋发向上的热情被自我设限压制封杀，从而导致对失败惶恐不安，甚至习以为常，丧失了信心和勇气。在他们的人生中没有自强自立，只好依赖拐杖度日。

要知道，曾经的失败并不意味着永远的失败，曾经达不到的目标并不意味着永远达不到，你只有放弃手中的拐杖，才能大步迈向人生的目标。

穆拉·纳斯鲁汀先生是一位很有灵气的作家，看上去一副风流倜傥的样子，很惹周围女人们的喜爱。婚后15年，他终于因爱上一个比自己小许多的姑娘而同妻子离婚，落得个一无所有。他并不在意，因为他天生是个情种，只在乎爱情，其他一切均不放在心上。他携这位姑娘出外闯荡，在孟买开设一家小公司，是那种经营出版、发行图书刊物的公司。虽然他懂这方面的业务，但他讨厌经营。于是，他把公司里的一切交给了女友，自己在家写书。几年后，公司有了些发展，女友赚了些钱，而他的作品却没人认可。这时，女友认为他无能，提出分手。他带着绝望的心情离开了那位女友，甚至连死的心都有了。经过一番垂死挣扎，他的一位旧友要他去公司帮忙，工资不菲，与此同时，他又有了新的所爱，一位心地善良的公务员。这就像他生命里的一点微光，拯救了他。几番磨难之后，他觉得无论如何也不能失去这一副"拐杖"了，不然的话，他简直没有办法再活下去。

但是，让他没想到的是，他几乎是在同时丢失了工作和新女友。

他真的想一死了之。他不止一次对自己说：纳斯鲁汀先生，你无法再活下去了，死吧，去死吧！

毕竟，死也不是件容易的事。他靠朋友的接济，四处找工作，几乎跑遍了整个孟买，也没找到一份适合自己的工作。这时，纳斯鲁汀真正意识到自己老了，他再也不是那个风流倜傥的知名作家了。他开始重新审视自己的生活，第一次意识到自己应该像个真正男人那样立志发奋。于是，他开始了刻苦努力的创作，他的努力终于得到了回报，一下子签订了几本书的写作合同。

从此，纳斯鲁汀先生再也不相信什么"拐杖"了，他只信奉：把命运紧紧抓在自己手中才是最可靠的！

没有什么拐杖是你能够永久依赖的，命运要靠自己把握。倒下去必须重新爬起来才能够寻求自立，大步向前。只把命运紧紧抓在自己手中才是最可靠的，无论对待爱情还是事业。

想想后果，看看自己能否承担

真知灼见，首先来自多思善疑。

——洛克威尔

世事难料，在事情没发生之前，谁都无法预知结果，想太多也没用，再说，吃过了太多瞻前顾后的亏，那如今还想什么？等什么？

曾经听过这样一个故事：

一群男孩们总是欺负一位身材矮小、性格怯懦的同伴，他们对他的哀求无动于衷，无情地在他身上发泄着自己的怒气。后来，这个受尽欺侮的小男孩凭着某种特殊的际遇，受到一位世外高人的指点，一下子具有了某种惊人的能力。他像一个复仇天使，让那群以捉弄人、欺侮人为乐的男孩们为自己错误的行为付出了代价。

只图眼前一时的快乐，不考虑自己的行为对日后的影响的人注定是不会得到成功的。

真正的专业艺术家，都为自己的事业制定了明确的目标，并围绕着目标，科学地规划自己的工作。他们每做一件事，都会事先考虑这件事的后果对自己的目标有什么影响，如能产生正面的影响，自然会认真去做，若产生负面影响，就要放弃，或者作出适当的调整。

很多人在处理事情时总爱盯着眼前，从不考虑日后的影响，比如在交际过程中，图一时之利，把交际的对象划作三六九等，从而戴上有色眼镜，对那些有权有势或对当前能产生影响的人尊重有加，而对那些小人物或当时看似无关紧要的人却不屑于理睬。比如，办公室里的那位满脸长满粉刺的文书小姐，你对她不屑一顾，可是不久她就被提拔为老板的秘书。再比如，你同事的车子坏了，在你开车路过他面前时，他向你招手，而你正赶着要去参加一个重要的会议而没有顾得上理他，两年后他成为你的主管，如果还想着这事，难免不会给你"穿穿小鞋"。

刘易斯的教训就很深刻。他在一家公司任生产部经理时，曾将一位前来推销产品的销售员粗鲁无礼地赶出办公室，当时正赶上他工作太忙，心情不太好。一年后，他再见到那位销售员时，销售员已经转到他的一家大客户那里，在供应部里任职，而且一眼就把刘易斯认了出来。刘易斯心中暗暗叫苦，怕对方报复。果然，那家大客户给他公司的订单渐渐地减少。老板知道了缘由后，把刘易斯调离了生产部。

这些事并不是说你在生活或工作中，绝对不能冒犯别人。为了成功，你必须要敢于表达自己，敢于陈述自己的观点，不顾某些人的脸色和面子。但是你要注意，争执和分歧必须是为了公司的利益而非个人的利益，再就是要对事不对人，同对方做好沟通，免得对方记恨你。

在处理任何事情时，都有短程的价值和长程的价值。短程和长程的价值有时是一致的，但有时是互相冲突的。你必须要事先考虑其对未来的影响，千万不可只图眼前的利益而做出错误的决定。

杨洋选择的第一家公司虽然名气不大，但是从事业的发展来看很有前途，只是薪水和福利待遇居于同行业中等水平。杨洋家庭经济基础差，所以非常渴望得到一份薪水高的工作，好靠银行按揭买一套房子。

一天，有一家公司同他秘密接触，想把他挖过去。当然，开出的条件也很诱人，薪水多一倍，福利待遇也很优厚，但是，这家公司由于不正当竞争而声名狼藉，一些人才都跳槽走了，公司经营每况愈下。他权衡再三，终于忍不住薪水和福利的诱惑，跳槽加入了那家公司。

两年后，那家公司破产了。他因为有了这段不光彩的职场记录，求职时遇到了很大的麻烦。

杨洋真是后悔莫及，谁让他当初没有考虑到这一点呢？

衡量你的行为对将来的影响，其实并不困难。你的目标便是衡量的尺度，是你做任何事的指南，只有对目标的达成有促进作用的行动才应该进行，否则就应该放弃。

当你对某件事做出决定时，你要事先考虑对你的目标会有什么影响，如果有悖于你的目标，或者打乱了你的规划，那么，你就不要去做。

当然，随着形势的变化，你的目标也会改变。当你的目标已经发生改变，即使是一点点，你也应该重新审视你目前的行为。为了配合日后你所期望的结果，你应该对你的行为作出必要的调整。否则，你不合时宜的行为必定会对你的将来产生坏的影响。所以，凡事都应该考虑其对未来的影响，才会使你不再犯一些不该犯的错误。而一个少犯错误的人，往往会赢得同事的尊重和上司的青睐，在奋斗拼搏的道路上，走得既稳又快，成功的几率也会大大提高。

你可以把岁月当成一首歌，但绝对不能把人生当成一场游戏。"GAME OVER"以后你还可以将手一挥说：重新开始。人生"OVER"以后你还有如此神力吗？凡事都要三思而后行，想想后果是否在你的承受范围之内，这样你的人生才会无憾无悔。

懦弱莫过于自怜，无能莫过于自艾

谁有历经千辛万苦的意志，谁就能达到任何目的

——米南德

事业不顺、婚姻不顺、生活不顺……种种不顺一时间都让你碰上了。这时，如果你一味地顾影自怜会觉得自己是天底下最倒霉的人。于是，从此在别人面前或者内心里，你成了一个自怜并需要别人同情的可怜人，于是你变得真的可怜，而那个真实的自己就这样被掩盖起来。

如果你与生俱来的音乐天赋外加你在钢琴上下了10年的苦功，使你成为大众公认的音乐家，你用你音乐的才能，赚到了进大学的费用；你在大学医科选定了外科的专业，专心研习，希望将来能成为在社会上对患者是一个良好的服务者，同时，你又热心地希望用音乐做你的副业，而对于人类也有服务的机会。然而你正在这样热心地期待着将来的事业成功的时候，你不幸地遭遇车祸，你的双手被撞坏，在你的专业与爱好上都无法发挥作用。这时候，你该怎么办呢？

倘若你除音乐的才能之外，还有演说才能，当对外科与音乐都绝望时，你日夜训练，使自己成为一个演说家、教育家。经过几年的训练和研究之后，你居然做到了，并且赚了很多钱，却在这时候，你又得了严重的胃溃疡住进了医院。经过半年多的时间，病虽然好了，但大病初愈还须休养才能恢复。这时候，你又该怎么办呢？

以上的两个问题，都是梅森先生亲身经历的。

上天既赋予梅森先生音乐和演说的才能，同时又赋予他不屈不挠的精神，所以他虽在这两种悲惨的情形之中，却从没有过自暴自弃的念头。虽然在这两种情形之中，他也曾有过失望，这正如一个人倾尽所有投资于一家工厂，等到工厂要开工的时候，正与保险公司洽谈的过程中，忽然半夜被人唤醒，他所有的一切都在半夜的火焰里化为灰烬的情形一样。

但是，自怜是于事无补的，在这时候，他得到了在小时候曾经发生过的一件事情的帮助。他在幼小的时候，他母亲先患伤寒，继之患肺炎，最后又患脑膜炎。医院和医师的记录可以证明在医药史料之中，他的母亲所经过的昏迷状态算是时期最长久者之一。他希望母亲醒过来，认得他，可母亲一直没有知觉。有一天晚上，父亲先后请来了几位医师，都说母亲的病无望了。将近半夜的时候，他们的家庭医师告诉父亲说，母亲的生命维持不到天亮了，让父亲预备后事。他听到这悲惨的消息哭叫一声，跪在父亲的脚边，抱着他的踝骨哭了起来。他的父亲立即抱起他来，要他站着，父亲看见他站也站不住只是哭个不休，于是正色望着他，对他说道："儿啊，这是人类不得不勇敢地站起来去对付的困难事件之一。"

梅森先生在儿童时期，父亲曾有多次对他加以体罚，想给他生活上的教训，但是，在他一生所受到父亲的许多积极的教训之中，无过于在母亲的性命垂危的那夜所得到的。

隔了13年，他被汽车撞坏了双手，对于他理想中的前途完全绝望，他的心不知不觉回到了母亲临危的那夜里，竟忍不住哭了起来。但是他的耳朵里忽然听到父亲的声音："儿啊，这是人类不得不勇敢地站起来对付的困难事件之一。"

多少年以来，梅森先生到处演说，到处播音，他曾遇到了很多的男女老少来他这里畅谈他们的不幸和悲伤，其中有许多人说："实在没办法了,我只得预备自杀!"

但是,真的没有办法了吗?事实上不过甘心自弃罢了!掀掉这个自我怜悯的假面具你会发现:还有一个比自己想象中更坚强的自己。

无法改变环境,那就适应环境

处处是创造之地,天天是创造之时,人人是创造之人。

——陶行之

强者靠自己,弱者靠同情。怨天尤人实在于事无补。怨恨很大程度上是由自卑导致的,人生而不平等,如果只是一味抱怨自己为什么生在一个普通人家里而不是一位高官或富商的子弟,那么他永远也不会有什么出息。一个人平常总会因为自身条件的限制遇到不顺心的事,一味为此生气,不如承认现实,并赌一口气去改变这一现实。

一个小男孩晚上与家人一起玩牌,连续几次抓的牌都很差,结果全输了,于是,他开始抱怨自己手气不佳,运气不好。这时,男孩的母亲突然停止了玩牌,她严肃地对小男孩说:"无论你手中的牌怎样,你都必须接受它,并尽最大努力玩好自己的牌!"小男孩望着母亲那严肃认真的面孔,愣了愣神,只听母亲接着说道:"人生也是如此,上帝为每个人发牌,你无法选择牌的好坏,但你可以用好的心态去接受现实,并竭尽全力,让手中的牌发挥出最大的威力,获得最好的结果。"

从此以后,小男孩一直牢记着母亲的这番教诲,他不再抱怨自己的命运,而是以良好的心态去迎接人生的每一次挑战。就这样,他从得克萨斯州的农村默默无闻地走了出来，一步步成为陆军中校、盟军统帅、美国总统。

这个小男孩，就是美国第32任总统——艾森豪威尔。

这个故事告诉了我们一个道理：越是在逆境之中，越要保持良好的心态，为自己赌口气——这是你的唯一出路。

福勒是美国路易斯安那州一个黑人佃农七个孩子中的一个。他从5岁时就开始劳动。他在9岁之前，就以赶骡子为生。这并不是什么特殊的事，大多数佃农的孩子都是很早就参加劳动的。这些家庭认为他们的贫穷是命运安排的，因此，他们并不要求改善生活。

小福勒有一点和他的朋友们不同，他有一位不平常的母亲。他的母亲不肯接受这种仅能满足糊口的生活。她时常同福勒谈论她的梦想，她告诉福勒：他们不应该贫穷，他们的贫穷不是由于上帝的缘故，而是因为他父亲从来就没有产生过致富的愿望。这个观念在福勒的心灵深处刻下了深深的烙印。

他决定把经商作为生财的一条捷径，他选定经营肥皂。他挨家挨户推销肥皂达12年之久。后来他获悉供应他肥皂的那个公司即将拍卖出售，可是他的钱远远不够。福勒在他当肥皂商的12年中，获得了许多商人的尊敬和赞赏。现在他去找他们帮忙了。

他用尽了他所知道的一切贷款来源，最后还差1万元。

夜里11点钟，福勒驱车沿芝加哥61号大街驶去。他进了一所亮着光的承包商事务所，他不认识这里的任何人。在他离开那个事务所时，衣袋里已装了1张1万美元的支票。

以后，他不仅在那个肥皂公司，而且在其他七个公司，包括四个化妆公司、一个袜类贸易公司、一个标签公司和一个报馆，都获得了控股权。

在采访他时，他告诉了人们他母亲说的话，他们贫穷，不是因为上帝，是因为他们从没有产生过致富的愿望，他们不应该贫穷，他们可以改变自己的处境。

是的，我们改变不了出身，但可以改变现状，改变我们的命运。俗话说，事在人为。只要现在就改变我们的认知和做法，所有的不如意就会一扫而空。扭转人生的第一步，就在于抛开一切负面消极的想法，积极地面对现在的处境，并用自己的努力改变它。

与其内疚，不如设法弥补

但愿每次回忆，对生活都不感到内疚。

——郭小川

没有一个人是没有过失的，只要有了过失能够决心去修正，即使不能完全改正，只要继续不断地努力下去，尽力而为，也就对得住自己的良心了，徒有感伤而不从事切实的补救工作，那是最要不得的！只要真心在做着补救过失的工作，虽不能完全补救也不要紧。

人很容易被负疚感左右，在人们的思想中，内疚被当作一种有效的控制手段加以运用。

不用说，我们应当吸取过去的经验教训，但绝不能总在阴影下活着。内疚是对错误的反省，是人性中积极的一面，但却属于情绪的消极一面，我们应该分清这二者之间的关系，反省之后迅速行动起来，把消极的一面变积极，让积极的一面更积极。

芬利是一位商人，四处旅行，忙忙碌碌。当能够与全家人共度周末时，他非常高兴。他年迈的双亲住的地方，离他的家只有一个小时的路程。芬利也非常清楚自己的父母是多么希望见到他和他的全家人。但他总是寻找借口尽可能不到父母那里去，最后几乎发展到与父母断绝往来的地步。不久，他的父亲死了，芬利几个月都陷于内疚之中，回想起父亲曾为自己做过的所有事情。他埋怨自己在父亲有生之年未能尽孝心。在最初的悲痛平定下来后，芬利意识到，再大的内疚也无法使父亲死而复生。认识到自己的过错之后，他改变了以往的做法，常常带着全家人去看望母亲，并经常同母亲保持密切的电话联系。而母亲也在假日里花些时间同他们待在一起。

芬利从错误中吸取了教训，他内疚的感情因而转变成了有益的因素。大家再看一下丽莎是怎么处理的。

丽莎的母亲很早便守寡。她勤奋工作，以便让丽莎能穿上好衣服，在城里较好的地区住上令人满意的公寓，能参加夏令营，上名牌私立大学。丽莎的母亲为女儿"牺牲"了一切。当丽莎大学毕业后，找到了一个报酬较高的工作。她打算独自搬到一个小型公寓去，公寓离母亲的住处不远，但人们纷纷劝她不要搬，因为母亲为她作出过那么大的牺牲，现在她撇下母亲不管是不对的。丽莎立刻感到有些内疚，并同意与母亲住在一起。后来她看上了一个青年男子，但她母亲不赞成她与他交朋友，强有力的内疚感再一次地作用于丽莎。

几年后，为内疚感所奴役着的丽莎，完全处于她母亲的控制之下。她成了一个十足的附属品，她对母亲的控制稍感不满，母亲对她施加的压力就会增大。由于感情受到压抑，她的抑制挫折感不断加深，一直到她精神变得麻痹。丽莎被内疚缚住了手脚，而到最终，她因内疚感造成的压抑毁了自己，并为生活中的每一个失败而责怪自己和自己的母亲。

当然，处在某种情境之下，我们的头脑被外在因素所控制而不再清醒，不自觉地陷在内疚的泥潭里无法自拔。这时候既需要有人当头棒喝，更需要有直面自己的勇气。

适当让自己"泄泄火"

对消极的情绪有一个明确的了解，就可以消除它。

——弗农·霍华德

生活中，谁都会有一些不良情绪，如果不断压抑它们，你就会越来越消沉，因此，最好的办法是找一种不伤人的方式把不良情绪宣泄出来，这样你就会重新轻松起来。

一天深夜，一个陌生女人打电话来说："我恨透了我的丈夫。"

"你打错电话了。"对方告诉她。

她好像没有听见，滔滔不绝地说下去："我一天到晚照顾小孩，他还以为我在享福。有时候我想独自出去散散心，他都不让，自己却天天晚上出去，说是有应酬，谁会相信！"

"对不起。"对方打断她的话，"我不认识你。"

"你当然不认识我。"她说，"我也不认识你，现在我说了出来，舒服多了，谢谢你。"她挂断了电话。

生活中，大概谁都会产生这样或那样的不良情绪。每一个人都难免受到各种不良情绪的刺激和伤害。但是，善于控制和调节情绪的人，能够在不良情绪产生时及时地消释它、克服它，从而最大限度地减轻不良情绪的影响。

不良情绪产生了该怎么办呢？一些人认为，最好的办法就是克制自己的感情，不让不良情绪流露出来，做到"喜怒不行于色"。

但人毕竟不同于机器，强行压抑自己的情绪，硬要做到"喜怒不行于色"，把自己弄得表情呆板，情绪漠然，不是感情的成熟，而是情绪的退化，是一种病态的表现。

那些表面上看起来似乎控制住了自己情绪的人，实际上是将情绪转到了内心。任何不良情绪一经产生，就一定会寻找发泄的渠道。当它受到外部压制，不能自由地宣泄时，就会在体内郁积，危害自己的心理和精神，造成的危害会更大，因此，偶尔发泄一下也未尝不可。

有些心理医生会帮助患者压抑情感，忽略情绪问题，借此暂时解除患者的心理压力。患者便对负面能量产生一定的控制力，所有的情绪问题似乎迎刃而解了。

压抑情绪或许可以暂时解决问题，但是等于逐渐关闭了心门，变得越来越不敏感。虽然你不会再受到负面能量的影响，却逐渐失去了真实的自我。你变得越来越理性，越来越不关心别人。或许你可以暂时压抑情绪，但在不知不觉中，压抑的情绪终将反过来影响你的生活。

面对情绪问题时，心理医生的建议是：如果有人伤害了你，你必须回忆整个过程，不断描述其中的细节，直到这件事不再影响你为止。这样的心理治疗方式只会让感情变得麻木。你似乎学会了压抑痛苦，但是伤口仍然存在，你仍会觉得隐隐作痛。

另外有些心理医生则会分析患者的情绪问题，然后鼓励患者告诉自己，生气是不值得的，以此否定所有的负面情绪。这些做法都不十分明智。虽然通过自我对话来处理问题并没有什么不对，但人不该一味强化理性，压抑感情。因为长此下去，你会发现，你已背负了沉重的心理负担。

一个会处理情绪的人完全能够定期排除负面能量，而不是依靠压抑情感来解决情绪问题。敏感的心是实现梦想的重要动力，学会排除负面情绪，这些情绪就不会再困扰你，你也不必麻痹自己的情感。

如果你生性敏感，当你学会如何排除负面能量后，这些累积多时的负面情绪就会逐渐消失。此外，你还必须积极策划每一天，以积蓄力量，尽情追求梦想，这是你最好的选择。

所以，聪明的人在消解不良情绪时，通常采取三个步骤：首先必须承认不良情绪的存在；其次，分析产生这一情绪的原因，弄清楚为什么会苦恼、忧愁或愤怒；第三，如果确实有可恼、可忧、可怒的理由，则寻求适当的方法和途径来解决它，而不是一味压抑自己的不良情绪。

第三章
心态控制状态,状态决定命运

　　我们常听说运动员的竞技状态会影响他的成绩,其实普通人也是如此。状态是一个人身心境界的综合体现,状态好,思维就敏捷,身体就协调,注意力集中,效率会更高,做事情成功的几率自然大大提高。另一方面,要想保持良好的状态,就要从心态入手,心态摆正了,好状态会不请而至。搞清楚成败——状态——心态的关系,才能知道如何让自己成为一个有生存质量、有办事效率的人。

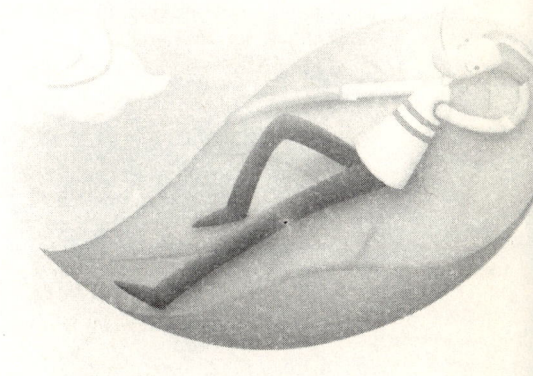

为自己的心情做主

　　播下一种心态，收获一种思想；播下一种思想，收获一种行为；播下一种行为，收获一种习惯；播下一种习惯，收获一种性格；播下一种性格，收获一种命运。

——拿破仑·希尔

　　有句话说得好，"生活由心情做主，心情由你做主。"不是吗？不管外在的环境如何，只要心情好，便一切都好。但下一个问题马上就来了：怎样做到天天好心情呢？生活中难道不会遇到困难和烦恼吗？

　　要理解这个问题，先看一个小故事。

　　一位老太太有两个女儿，一个卖雨伞，一个卖香，老太太常常发愁：天气好吧，我那个卖伞的女儿生意肯定不好，因为人们不需要伞；下雨了呢，我那个卖香的女儿生意又不好了，因为下雨都不愿意出门，也就没有去进香的了。

　　一个邻居听了后，笑逐颜开地说："老嫂子，你多有福啊，你是下雨也挣钱，不下雨也挣钱。"老太太转念一想也对，于是就不像以前那样发愁了。

　　事情本身没有改变，心态变了，心情就变了。

　　其实心态改变的何止是心情，它还可以改变你的状态——心理状态、竞技状态、工作状态、生活状态……

　　查汉语词典，对"状态"的释义是人和事物表现出来的形态。显然，一个人状态的好坏，对其做事情的成效有巨大的影响。喜欢体育的朋友知道，体育评论员常以状态的好坏评价运动员的表现。他的运动水平再高，如果求胜心切或者紧张畏败，竞技状态会大打折扣，这是心态影响、决定状态的直接体现。我们知道在美国 NBA 的休斯顿火箭队，姚明有一位队友麦迪，作为享誉全联盟的超级巨星，麦迪有着不同凡响的运动天赋和得分能力。但在几次受伤以后，害怕再次受伤而断送职业生涯的心态让他在篮球场上变得缩手缩脚，以前那个风云电掣的麦迪不见了，取而代之的是一个不敢承担责任、状态全无的麦迪。

运动员在运动场上如此，普通人在生活中、工作中也是如此。

有位秀才进京赶考，住在京城的客栈里。考前一天的夜里，他做了三个梦，第一个梦是梦到自己在墙上种白菜；第二个梦是下雨天，他戴了斗笠还打着伞；第三个梦是梦到跟心爱的姑娘同床共寝，但却背对背，谁也不理谁。

秀才觉得这三个梦可能预示着什么，便赶紧去找算命先生解梦。算命先生一听，连拍大腿说："考试没戏了，赶紧回家吧。你想想，高墙上种白菜不是白费吗？戴斗笠打雨伞不是多此一举吗？跟意中人躺在一张床上，却背对背，不是没戏吗？"秀才一听，觉得有道理，便心灰意冷，回到店里收拾包袱准备回家。店掌柜见状奇怪地问："后生，不是明天才考试吗？怎么今天就回乡下？"秀才如此这般地说了经过。店掌柜乐了，说："我也会解梦，我倒觉得，你一定要留下来。你想想，墙上种菜不是高种（中）吗？戴斗笠打雨伞不是说明你这次有备而无患吗？跟意中人背对背躺在床上，不是说明你翻身可得吗？"秀才一听，似乎也很有道理，于是精神振奋地参加考试去了，果然金榜题名。

这个故事启示我们：心态决定状态，状态决定行为，行为决定结果，有什么样的心态就有什么样的心情，就有什么样的状态，就有什么样的人生。其实，在这个世界上，成功卓越者少，失败平庸者多。就个体而言，只有5%是辉煌的，95%都是平淡的。成功学的始祖拿破仑·

希尔说："一个人能否成功,关键在于他的心态。"他把心态分为积极心态(PMA)和消极心态(NMA)两种。并把积极心态列为17条成功定律之首,作为黄金定律。

秀才解梦的故事说明,心态不同会导致人生的截然不同。悲观的人,先被自己打败,然后才被生活打败;乐观的人,先战胜自己,然后才战胜生活。说到底,人生命运如何,由你自己决定。运用积极心态支配自己人生的人,他们能够运用积极奋发、进取、乐观的心态,处理好人生中遇到的各种困难、矛盾和问题,困难面前有他们,他们前面没困难。运用消极心态支配自己人生的人,心态悲观,消极颓废,不敢也不去积极解决人生中所面临的各种困难、矛盾和问题。

也许你不能为别人做主,但你可以为自己做主:为你的心态做主,也为你的心情、你的状态、你的人生做主。

做翠竹不做劲松

如果你能真正制好一枚曲别针,应该比你制造出粗陋的蒸汽机赚到的钱更多。

——佚名

每一位在事业上取得成功的员工,无一不是全心全意、尽职尽责、精通自己的工作,一丝不苟地把工作做得最完美。

有一天,一位公主独自到动物园里散步,使她万分诧异的是,所有的飞禽走兽都奄奄一息,园中一片冷清。后来公主了解到,山羊由于没有东北虎那么高大挺拔,因此轻生厌世死了;东北虎又因自己不能像丹顶鹤那样在天空中飞翔，也死了；丹顶鹤哀叹自己终日生活无着落，不能像鲸鱼那样有丰富的食物，于是也死了；八哥也病倒了，因为它叹息自己没有鹦鹉那样讨人类喜爱；其他的动物也都垂头丧气，没精打采，只有那些可爱美丽的金鱼在池塘里欢快地游着。

公主问道："小小的金鱼啊，别的动物全都无精打采，为什么你这小鱼这么勇敢乐观，毫不沮丧呢？"

小鱼回答说："亲爱的公主啊，我一点也不失望，因为我知道，如果公主您想要一只老虎、一只丹顶鹤，或者一只鹦鹉的话，您就会叫驯兽师再帮您寻找，而我知道您希望要我的原因就是要我安心地做小小的金鱼。"

这个故事告诉我们，别人是别人，你是你自己，别人得到的，是因为幸运也好，是因为努力也好，我们都不必羡慕，更不应该忌妒。你自有你的长处和优点，做自己，比什么都重要。

在现实工作中，有些人看到别人取得成绩时，不在自己身上找原因，而是怨天尤人，眼高手低。与其这样倒不如客观地看清自己，找出自己的不足，并加以改正。

有两个要好的伙伴同时受雇于一家超级市场，开始时大家都一样，从最底层干起。可不久其中的一个受到总经理的青睐，一再被提升，从领班一直到部门经理。另外一个却像被遗忘了一般，还在最底层混。终于有一天这个被遗忘的人忍无可忍，向总经理提出辞呈，并痛斥总经理狗眼看人，辛勤工作的人不提拔，倒提拔那些吹牛拍马的人。

总经理耐心地听着，他了解这个小伙子，工作肯吃苦，但似乎缺了点什么，缺什么呢？三言两语说不清楚，说清楚了他也不服，看来……他忽然有了个主意。

"小伙子，"总经理说："你马上到集市上去，看看今天有什么卖的。"

这个人很快从集市上回来说，刚才集市上只有一个农民拉了车胡萝卜在卖。

"一车大约有多少袋，多少斤？"总经理问。

他又跑去，回来后说有40袋。

"价格是多少？"他再次跑到集市上。

总经理望着跑得气喘吁吁的他说："请休息一会儿吧，看看你的朋友是怎么做的。"说完叫来他的朋友，并对他说："你马上到集市上去，看看今天有什么卖的。"

他的朋友很快从集市上回来了，汇报说到现在为止只有一个农民在卖胡萝卜，有40袋，价格适中，质量很好，并带回几个让总经理看。这个农民一会还将弄几箱黄瓜上市，据他看价格还公道，可以进一些货。想这种价格的黄瓜总经理大约会要，所以他不仅带回来几个黄瓜做样品，而且把那个农民也带来了，他现在正在外面等回话呢。

总经理看了一眼在一旁红了脸的小伙子，说："这就是你朋友得到晋升的原因。"

人与人之间的能力差异是客观存在的，只有正确认识自我，分析自我，了解自我，才能更好地发掘自我潜能，找到最适合自己的位置。

有一位在银行工作的人，立志要读中国人民银行总行的研究生部的研究生。几部厚厚的参考书，他翻来覆去地看了许多遍，准备得非常充分，但命运却一次又一次地捉弄他，连年考试他都是榜上无名。

痛定思痛，经过数次失败，他渐渐发觉，"中国人民银行总行的研究生"并不是一个最适合他的位置，他决定不再为此耗费青春，他要证明他的价值，决定从别的方面入手。

在业余时间，很多同事或朋友总拿来一些古代的钱币请他鉴别，他耐心地回答每一个问题。到后来，由于请教的人实在太多了，于是他想自己何不编写一本中国历代钱币鉴别方面的书呢？一则可以将自己现有的关于钱币的知识系统化、清晰化，二则可以给喜欢收集、鉴别钱币的朋友提供查询的方便。

几个月后,他终于完成了这本书的编写。一家出版社看中了这本书,首次印刷了5万册,不到3个月的时间就销售一空。

坐在自己的位置上,做自己力所能及、得心应手的事,并在此基础上,激发自身的潜能,不断地试图超越自我,才能找到属于自己的"飞"的感觉。

只有反省自己,认识自己,才能成就自己。

无论从事什么职业,都应该精通它。让这句话成为你的座右铭吧!下决心掌握自己职业领域的所有问题,使自己变得比他人更精通。如果你是工作方面的行家里手,精通自己的全部业务,就能赢得良好的声誉,也就拥有了一种潜在成功的秘密武器。

有的时候,你必须知道自己是普通的沙粒,而不是价值连城的珍珠。你要卓尔不群,那要有鹤立鸡群的资本才行。忍受不了打击和挫折,承受不住忽视和平淡,就很难达到辉煌。

由于不精于自己的工作,在工作中造成巨大的失误,给人们带来了无穷的祸患,而这些悲剧是完全可以避免的。几年前,在加利福尼亚的一个小镇上,因为筑堤没有按设计图纸去筑石基,结果导致堤岸决堤,全镇被水淹没,无数人被淹死。这种由于工作疏忽引起的悲剧,几乎在世界的每个角落都时有发生。这带给我们的一个警示就是:每一个人的工作都与他人有关。

要培养一丝不苟的敬业精神和严谨的工作作风,培养超凡的技能。它既能带领普通人往好的方向前进,更能鼓舞优秀的人追求卓越。

无论做什么事,都必须竭尽全力,无私敬业。能处处以主动尽职的态度工作,即使从事最平凡的工作也能取得成就。能处处以主动尽职的态度工作,即使从事最平凡的职业也能增添个人的荣耀。

与差距打擂台

失掉了勇敢的信念,就等于你把一切都失掉了。

——歌德

不得不承认,人们之间还是有很大差距的,从智商从口才从容貌等等。就算在某些事情上你可能做得比你的朋友好,但他比你聪明却是不争的事实。这个时候打退堂鼓沮丧失望可不是什么办法。你应该做的是,正视人与人之间的差距,努力把这种压力负担起来,并让它成为促进自我发展的一种积极心态。你要大声喊出:天生我材必有用!

邓亚萍是我国乒坛乃至世界乒坛上的神奇选手。自她1986年13岁那年拿到第一个全国乒乓球锦标赛冠军开始,到1997年5月的第44届世界乒乓球锦标赛上,在短短的11年间,一共拿到153个冠军。这不但在中国乒坛,而且在世界乒坛史上都写下了光彩的一页,所有专业人士都声称她是个几千年才出这么一个的超级天才。

在邓亚萍小的时候,为了培养她成才,父亲曾将她送到河南省乒乓球队去深造。然而,去后不久便被退了回来,其理由是个子矮,手臂短,没有发展前途,这在少年邓亚萍的心灵上留下了一道深深的伤痕。令人欣慰的是,在父亲的鼓励下,倔强的邓亚萍并未因此一蹶不振,为了弥补自己与条件优秀的运动员之间的差距,为了改变同伴嘲笑的眼神,她练得更加刻苦。可以这样说,是她本身的不足,成就了乒坛"大姐大"。

和人一比较，任何人都能看到自己的差距所在，即使你只比姐妹重了0.5公斤。在人们成长的道路上，更不可能是一帆风顺的，总免不了要经受各种讥讽和困难，"艰难困苦，育汝于成"，"宝剑锋从磨砺出，梅花香自苦寒来"，这些都是许许多多成功人士的经验总结。

哲人说得好，你听到的一切并不完全正确，也不要因他人成功的议论而鄙视、否定自己，否则就会陷入自卑的"心灵监狱"。深陷其中的人们认不清自己身上蕴藏着无穷无尽的潜力，心绪萎靡，不知不觉中成了失败的奴隶。

其实，与其让差距消耗掉你最后一点勇气和自信，倒不如正视它，并把它当作人生奋进的一种积极压力，这种自卑情绪所产生的动力要远比本身的优势更具有强大的效果！现在，就让我们学会自我激励的有效步骤吧！

①大哭一场

专家都说伤心一阵子很有作用。当我们正视自己的弱点时请尽情流泪吧。这并不可耻，流眼泪不只是伤心的表现，而且是悲哀或感情的发泄。

即使悲痛在伤心事发生后一段时间才显露出来，也没有关系，只要能发泄出来就行。

②写日记

许多人把遭逢不幸之后的平复过程逐一记录下来，从中获得抚慰。此法甚至可以产生自疗作用。

③安排活动

要想到人生中还有你所期盼的事；这样想可以加强你勇往直前再创造前途的态度。不妨现在就开始为改变你的弱点做准备。

④学习新技能

当你发现弱点难以弥补时也不用沮丧，找个新嗜好，比如可以学打球。你可以有个异于往昔的人生，可以借新技能赢取你崭新的人生。

⑤奖励自己

在极端痛苦的时刻,在艰苦的奋斗之路上应把完成每一项工作(不论多么微不足道)都视为成就,奖励自己。

我们应该学会和差距过过招,在我们得意忘形取得成绩时,在我们失意痛苦,一蹶不振时,要提醒自己:你距离真正的成功还有那么一段距离呢!为什么要让情绪威胁到你为成功所做出的努力和奋斗呢!这样的话,你还来不及骄傲和消沉就又开赴成功的战场了!

不卑微的行为

卑微的工作是用艰苦卓绝的精神忍受的,最低陋的事情往往指向最崇高的目标。

——莎士比亚

无论你正在从事什么样的工作,要想获得成功,就不要轻视自己的工作。工作本身没有高低贵贱之分。一个人所做的工作,是他人生态度的表现。一生的事业,就是他志向的体现,理想之所在。没有卑微的工作,只有卑微的工作态度。而工作的态度完全取决于我们自己。我们做的每一件事,都代表了我们的能力和形象,其成败美丑,都会影响人们对你的看法。对一个成功的人来说,工作就是使命。工作没有高低贵贱之分,在你看来最卑微的工作,也是为你服务的。它之所以存在,是因为人们需要它。

胡桂萍原来是武汉市国棉三厂的一名女工,因为工厂效益不好,在她32岁的时候下岗了。离开工作了多年的工厂,心里像被掏空了一样,每天吃饭睡觉都不是滋味。一天，她上街买菜，看到一个提着木盒子的"擦鞋女"，这吸引了她的目光，激发了她的灵感。她算了一下，要是开家专门的擦鞋店，收入倒挺可观。于是她买了擦鞋的用具，租房在武汉市办起了第一家室内擦鞋店。当时，擦鞋价格是2元钱一双，为了吸引顾客，她明码标价5角钱一双，顾客络绎不绝。每天都早早的就开门营业，她和另外4名员工一刻不停歇，一天下来要擦300多双皮鞋，有时忙得连吃饭、喝水的时间都没有。员工下班后，她一个人坚持到晚上9点多钟才拖着早已麻木的双腿、毫无知觉的双手回家。当有了一定积累后，她将小店重新装饰了一番，装上空调、饮水机，换上了体面、统一的椅子和鞋箱，贴上了价格表和服务公约，员工统一着装，礼貌服务，并在门面上挂出了"翰皇擦鞋店"的招牌。她说，她是把别人看不起的擦鞋生意做得富丽堂皇。后来，她与人合伙，投资30万元注册了"武汉翰皇一元擦鞋有限公司"，自己担任董事长，并欢迎下岗职工加盟，不收加盟费、培训费，只要按"翰皇"的统一模式，规范经营就行。经过几年的飞速发展，翰皇擦鞋公司目前在全国已拥有了600多家连锁分店，全国各地近4000名下岗职工因此走上了再就业之路。她为解决当地的下岗职工就业的问题做出了很大贡献。

是的，补鞋、擦鞋和拣垃圾，看起来似乎都是很卑微的工作，最低陋的事情，但他们通过努力，都实现了自己的目标。他们不只让自己摆脱了困难，还帮助了别人。他们应该成为所有正在做着"卑微"工作的人们的榜样。对待工作的态度，某种程度上体现了人们的心态，记住这句话吧：工作无贵贱。

工作卑微不代表就低人一等，你通过自己的努力奋斗同样可以获得让人羡慕的成绩。从卑微的小事做起，干别人不愿意干的事情。这不是说明你的卑微，而是证明了你的伟大。

正如台湾女作家杏林子所说：现代社会，昂首阔步、趾高气扬的人比比皆是，然而有资格骄傲却不骄傲的人才是真正的高贵。

布克·T·华盛顿出生在弗吉尼亚的一个种植园，母亲是个厨子。他在阿拉巴马的土斯基格创建了世界著名的黑人教育中心。他不仅是黑人运动领袖，打碎奴隶制的枷锁，为他自己和他的种族带来希望和尊严，他还是一个伟大的教育家。他在当时提出关于发展黑人职业教育的思想，对促进美国黑人教育尤其是黑人职业教育的发展有很大影响。他注重实际，注重职业教育，认为黑人更重要的是学会生存的本领，他对美国教育的影响不可忽视，终于成为一位伟大的改革家和教育家。

他在回忆录里，讲述了自己不惜任何代价确保受教育权利的决心。他在煤矿工作的时候，偶尔听到了弗吉尼亚汉普顿学院。他得知盐场和矿山的主人刘易斯·罗夫纳将军家里缺人干活，而他的太太对家里的女奴非常严厉。但他为了能受到教育，还是决定去服侍罗夫纳太太。于是，他便被以每月5元钱的价格雇下了。后来他通过了解罗夫纳太太的生活、性情，并努力做到不让她看到使她恶心的东西。为此，他付出了很多代价，一切的脏活、累活他全做，终于取得了她的信任。罗夫纳太太允许他在部分日子用白天的时间去上一个小时的学，但他大部分时间都是在晚上学习。他下定决心要去汉普顿学习。历经过生活的困苦和饥饿，还有一切的劳累，终于到了他向往的学府。

布克·T·华盛顿就这样从农奴开始了他的追求。试问，还有什么样的工作让我们感到卑微。

好岗位、好工作人人趋之若鹜，卑微琐碎的工作人人避之惟恐不及。如果你现在从事的是一种公认的卑微工作，短时间里也没有改变它的能力，那么，正确的办法应该是改变自己的心态，抱着一种化腐朽为神奇，化卑微为高尚的心态去做，会比抱着卑微的心态去做要强无数倍。因为，于人于己，前一种心态都会得出一种好的结果，会引起别人的尊重，后者则不能。

查理是一家环保公司的清洁工，从进公司的第一天起，他就开始喋喋不休地抱怨，不是"清洁这活太脏了，瞧瞧我身上弄的。"就是"真累呀,我简直要讨厌死这份工作了。""凭我的本事,做清洁工这活太丢人了!"每天,查理都是在抱怨和不满的心情中度过。他认为自己在受煎熬,在像奴隶一样出苦力。因此,查理每时每刻都窥视着领班的眼神和举动,稍有空隙,他便偷懒耍滑,应付手中的工作。几年过去了,当时与查理一同进公司的三个工友,各自凭着自己的辛勤努力,都有了比较可观的收入。独有查理,仍旧在抱怨声中,做他蔑视的清洁工。

由此可见,无论你正在从事什么样的工作,要想获得成功,就不要轻视自己的工作。如果你也像查理那样,认为自己的劳动是卑贱的,鄙视、厌恶自己的工作,对它投注"冷淡"的目光,那么,即使你正从事最不平凡的工作,你也不会有所成就。

工作本身并没有贵贱之分,但是对于工作的态度却有高低之别。一个人所做的工作,是他人生态度的表现。一生的事业,就是他志向的表示,理想的所在。所以,了解你的工作态度,在某种程度上就是了解了你这个人。

你不背弃希望,希望绝不会背弃你

我们不要看远方模糊的事情,要着手身边清晰的事物。

——卡耐基

敢想是敢做的前提与基础,是迈向成功的第一步,只有迈出这一步,你才有机会施展才能,获得成功。

时间的脚步真是飞快,人们的生活可以说发生了翻天覆地的变化。过去常听老人讲,将来的生活是"楼上楼下,电灯电话",现在不但实现了，而且当今社会的资讯异常发达，手机已经很普遍了，电脑已经走入了寻常百姓家。这在过去恐怕是人们想都不敢想的。更值得一提的是中国的"神舟七号"宇宙飞船已经飞上了天，国家的综合实力得到了进一步加强。这一切的一切在过去也只是人们的一种美好的幻想而已，如今却都变成了现实。谁能否认今天的这一切不是以"敢想"作为前提的呢？

成功人士与失败人士之间的差别就在于：成功人士具有一个良好的心态，他们敢于直面困难，敢想敢做，能用最乐观的精神和最丰富的经验来支配和控制自己的人生。失败者刚好相反，他们的人生是受过去的种种失败与疑虑所引导和支配的。希望人们都能睁开心灵的双眼，努力发现周围美好的东西，不断挖掘自身的潜力，敢于大胆地设想自己的目标，并不断为之努力，这样你一定会有美好而充实的人生。

诚然，如今世界上的穷人确实太多了，他们大多数只是甘于过穷日子，从来没有想过自己为什么这么穷，从来没有人站出来说一句：穷，也要站到富人堆里。他们没有认清自己还有选择成功的余地。

然而，我们每天听到的却是这样的话："我很喜欢那个东西，但是我买不起。""我买不起"，"我花不起"。没错，你是买不起，但不必挂在嘴上。如果你不断地说"我买不起"，那你一辈子真的会这样"买不起"下去。选择一个比较积极的想法，你应该说："我会买的，我要得到这个东西。"当你在心中建立了"要得到"、"要买"的想法，你就同时有了期待，心里就有了追求它的激情。千万不要摧毁你的希望，一旦你舍弃了希望，那么你就把自己的生活引入了挫折与失望。

有一个一文不名的年轻人，他说："总有一天，我要到欧洲去。"坐在旁边的朋友都嘲笑他太天真，20年之后，那个年轻人果然带着妻子去了欧洲。当时他并没有说："我想去欧洲，就怕我永远花不起这笔钱。"他心怀希望，希望就给了他动力，促使他为了要去欧洲而有所行动。

假如你说:"我花不起。"那么一切就会停顿,希望没有了,心智迟钝了,精神也丧失了,久而久之我们就会让自己相信事情是不可能的。而如果我们懂得运用"选择的力量",则能带给我们希望和勇气,使我们能够力行不辍,去获取我们真正想得到的东西。也许你曾听过这么一则寓言故事:

过去在同一座山上,有两块相同的石头,三年后发生截然不同的变化,一块石头受到很多人的敬仰和膜拜,而另一块石头却受到别人的唾骂。这块石头极不平衡地说道:"老兄呀,在三年前,我们曾经同为一座山上的石头,今天产生这么大的差距,我的心里特别痛苦。"另一块石头答道:"老兄,你还记得吗,在三年前,来了一个雕刻家,你害怕割在身上一刀刀的痛,你告诉他只要把你简单雕刻一下就可以了,而我那时想象未来的模样,不在乎割在身上一刀刀的痛,所以产生了今天的不同。"

两块石头之所以最终有如此大的差别是因为一个是关注想要的,一个是关注惧怕的。过去的几年里,也许同是儿时的伙伴、同在一所学校念书、同在一个部队服役、同在一家单位工作,几年后,发现儿时的伙伴、同学、战友、同事都变了,有的人变成了"佛像"石头,而有的人变成了另外一块石头。

假如有一辆没有方向盘的超级跑车,即使有最强劲的发动机,也一样会不知跑到哪里;同理,不管你希望拥有财富、事业、快乐,还是期望别的什么东西,都要以一种敢想敢做的勇气去实现它。

在这个世界上没有什么做不到的事情,只有想不到的事情,只要你敢想并下定决心去做,你就一定能得到。

洛克菲勒在他还一文不名的时候曾说过,"有一天,我要变成百万富翁。"他果然实现了愿望。所以,你应该了解:一切你想要得到的东西在还未实现之前,本来都只是一些想法。你的经济情况也一样,先要有想法,然后才会变成现实。想法改变了,外在改变也会随之而来,这可是一条永远不变的法则。如果你经常说"我付不起"、"我永远得不到"、"我注定是受穷的命"……那你就封闭了通往自谋幸福的路。只有不时进行选择性的思考，才会改变想法和现实。必要的时候，不妨运用一下想象力，你会发现：以前不敢奢望的好运会降临，生命会有转机，你的生命会出现一种崭新的面貌。

敢想是成功的第一步，有了一个美好的理想之后，接下来就要用积极的心态和行动去实现自己的目标。否则你的理想就会化为华丽的泡沫转瞬即逝。敢想敢做会使你施展全部力量，尽力而为，超越自我，使你把毕生的能力发挥到极限，排除一切障碍，使你的生活更加充实。

做一名"战神"

所谓活着的人，就是不断挑战的人，不断攀登命运险峰的人。

——雨果

她是一位世界纪录的创造者，她成功登上了日本的富士山，她的名字叫胡达·克鲁斯。

这些都不足为奇是吗？那么，如果你有幸活到95岁，你也能登上富士山吗？而胡达·克鲁斯的壮举却验证了这个事实。

当别的年届70的老人，认为到了这个年纪可算是到了人生的尾声，并且开始安排后事时，她——胡达·克鲁斯，却在学习登山。因为她相信：一个人能做什么事不在于年龄的大小，而在于你是否力所能及和对这件事有什么样的看法。于是，在70岁高龄之际她开始接受登山训练，攀登上了几座世界上颇有名的山，最终以95岁高龄登上了日本的富士山，打破攀登此山年龄的最高纪录。

70岁开始学习登山，这不能不说是一大奇迹。但奇迹是人创造出来的。成功者的首要标志，是他永远以积极的思维去思考问题。一个人如果总是采用积极思维、不怯于接受挑战和应对麻烦事，那他就成功了一半。

一个人能否成功，完全取决于他的态度。成功者与失败者之间的差别是：成功者始终用最积极的思考、最乐观的精神和最有效的经验支配和控制自己的人生。失败者则刚好相反，因为缺乏积极思维，他们的人生是受过去的失败和疑虑所引导和支配的。他们徘徊在失败的阴影里，只能眼看着别人成功。

我们不知道胡达·克鲁斯的近况，也不知道她年轻时的生活状况，但可以肯定的是她是长寿之星，而她的长寿秘密是她从来不把年龄当作逃避的借口的优良心态。

当青春一去不复返，眨眼间到了40多岁的时候，不是很多人会这么想吗：40岁的人了，还追求什么时尚呀？那些玩意儿都是年轻人的事，这辈子就这样了。

每个人都有诸多的遗憾：比如想旅游的人有时间时没有钱，有钱时却又没有了时间；想创业的人有能力时没机会，有机会时却又没了能力；靠体力吃饭的人年轻时用健康换金钱，老了又用钱来买健康等等。但最大的悲哀莫过于心灵归于死寂，总是想：我年龄大了，已不属于这个时代了，不会有属于我的辉煌了！

人到中年，最容易产生这样消极的想法，认为自己这辈子已经步入一个既定的轨道，不再有种种的年轻冲动和欲望，只要安分守己按部就班地走下去就行了。

这种斗志和进取心的消失是最可怕的，它意味着已习惯了自甘平庸与落魄。曾听过这样一个故事：一个算命先生为一个人算他的将来，说这个人20多岁时诸多不顺，30多岁时虽多方努力仍一事无成，那人焦急地问:"那40岁呢?"算命先生说:"那时,你已经习惯了。"

这是一个让人的内心猛然一震的故事,竟有种醍醐灌顶的感觉。而那些曾经努力过、但是没能成功而最终选择了放弃的人,有一种心疼的感受。经过生活一番的磨难之后,难道我们真的要被迫接受一种无奈的现实,麻木不仁地走向人生的终点吗?

"绝不!"我们要在心里大声对自己说。经过这十几年的磨炼,你也许没有取得别人眼中的成功,但这并不意味着自己就完了,就必须放弃。也许你已经把年轻时的万丈雄心收起,知道自己只是一个普通人,只是在做着一些普通事。你的心境归于平和,但绝对不能趋于死寂,要像胡达·克鲁斯老太太那样,设定一些自己力所能及的、切实可行的目标,让自己每时每刻都有一颗积极的心,尽力干好并享受自己手头的每一件事,执著地爬上属于自己的高峰。

想建立好心态,就不要轻易下结论否定自己,不要怯于接受挑战,只要开始行动,就不会太晚;只要去做,就总有成功的可能。不要让年龄成为你逃避的借口,年龄只是一个数字,心境却是永恒。

给思维自由——没有想象就没有奇迹

想象力比知识更为重要。

——爱因斯坦

想象力对一个人良好心态的养成起着至关重要的作用,闲暇时它可以愉悦精神,遇困时它甚至可以拯救生命于危难。

某杂志上曾刊登过这样一个故事:一位政客,一位地质学家,一位诗人，三个人是好朋友，一同外出度假时被当地匪徒追杀，他们唯一的逃生之路是要穿越一片人际罕至的荒漠。为了生存，他们一面提防追匪，一面强忍着干渴和饥饿奔向沙漠。求生的欲望使他们熬过了最初的两天，但当他们停下来休息、面对一望无际的沙漠时，他们有点绝望了，因为不知道还要走多久才能走出去。饥饿和疲劳他们还可以抵御，但没有水喝，使他们生还的希望越来越小，他们明显地感受到了死亡的威胁。

政客郑重地向两位朋友承诺说："如果这时候有人给我们送上一箱矿泉水，我回去后一定让他升官发财。"

地质学家冷静地说："在这荒芜的沙漠，连一个活的动物都找不到，哪里会有人？我们还是现实点吧，寻找水源！"后来根据多年的实地考察经验，他果真在一块地面发现土壤相对比较潮湿，三人立即折断枯枝做工具，朝湿地不停地刨下去，但直到三个人筋疲力尽，仍然找不到水源。

时间在慢慢地流逝，第三天早上，诗人醒来时天刚亮。面对着广袤的荒漠，他实在无计可施，便开始想象：要是我们置身于一大片绿地该有多好啊！沐浴在阳光下，畅饮甜美的山泉，溪流静淌，树叶上的露珠被阳光折射成一颗颗晶莹剔透的珍珠……树叶上的露珠？！诗人突然想起了什么，向一棵树急忙奔去。果然，树上还残留着一些露珠。他立刻叫醒同伴，高喊"我们得救了！"他欢呼跳跃起来。

于是每日的后半夜，他们就想办法啜饮树叶上刚凝结还来不及蒸发掉的露珠。一个星期后，他们出现在荒漠的另一头，而且身体完好，亲人们在为他们活着回来高兴的同时，都为他们竟能徒步穿越这片荒漠的行动感到十分的惊讶和不可思议。诗人挺胸抬头自豪地对人们说："我的想象力救了我们的命！"

其实，真正救了他们生命的是诗人的好心态。因为想象力每个人都有，但崇尚实际的人只看重事实，因此在心里不会给想象力留一席之地，也不会去刻意开发利用它；反而是充满了诗性与灵动的人，力争让想象力成为好心态的一部分。他们喜欢想象，在想象的空间里，他们可以预演自己的理想，品味快乐和满足，并且可能在生死攸关的时刻，使想象力成为救自己于绝境的生命之力。

所以不管现实生活如何，我们都不应丧失对美好事物的想象，它是我们在面临困境时与之斗争的动力。与想象力一样可以助我们一臂之力的还有我们与生俱来的创造力。充分发挥创造力，不仅可以拥有财富，还会有许多意想不到的东西，一个平凡无奇的人很可能因为适当发挥了创造力而成为了某方面的专家。

很早以前看到过这样一个有关"专家"的故事。

一个聪明的人决定开始一项冒险活动。他大胆的预测一场万众瞩目的球赛的结局（会有很多人赌球），他发出一万封信，对其中的5000人预测甲队胜利，而对另外的5000人预测甲队失败（邮费用不了多少钱，用 E-mail 更便宜）。毫无疑问，无论如何，他总会说对一半。然后下一次，他又开始预测一场新的比赛，这一次他只给上次说对了的那5000人发信，不再理会另5000人，预言当然还是胜负各占一半；接着再把这个游戏进行下去……经过了四五次后，他已经在一千多人或者数百人中建立了极高的威信，那些人会说："这家伙神了，说得这么准！"他会收到很大的反馈，许多人开始重视他的意见，随着名气的增加，会有新的崇拜者加入到队伍中来。

当他认为自己"专家"的威信建立起来以后，便开始收费，然后再继续向上次说对了的人群"预测"。由于"预测"的结果惊人地准确，他的铁杆崇拜者越来越多地付给他报酬。这个家伙成了一个名利双收的大"专家"。

这个故事对众多真正的专家颇有不敬之嫌，只是姑妄言之，权作笑料而已。但在这年头，好多队伍中都是鱼龙混杂，良莠不齐，也不能排除一些无真才实学之人披上诱人的外衣，以迷惑众人、牟取私利。

话再说回来，就是真正的专家也难免有失误的时候，尤其是像对未来事件进行预测这种事。

再说，当一个人决心干一件事，经过较充分的准备，下了一定的工夫之后，尽管你原来只是个普通人，现在其实已具备了专家的实力和半个专家的水平，而你没有成见、大胆进取的品质可能正是专家们所欠缺的呢！每一项新发明，人类的重大突破不都是新专家突破老专家的阻力而做出来的吗？

我们可以尊重专家的意见，在他的基础上前进，但千万不要把他看作是不可逾越的高峰，而阻碍了自己的发展。

好心态的一部分是在任何的专家和权威面前都能坚守：只相信不迷信。更多的时候要相信自己，审时度势，下定决心后勇往直前，不断地强调自己的专长，没准你也能成为专家。

好心态是智慧的源泉

用热爱的态度去做每件事，你会获得你所能得到的最大的财富。

——王绍男

有一个成语叫"大智若愚"，是用来形容那些看起来愚呆，反应迟缓，但能够最终成就事业的大智慧。为什么大智若愚的人能成功呢？仔细观察，你就会发现他们身上往往有一个共同点，就是他们从来都不曾大发雷霆、急急忙忙，一直都心平气和，即使遇到特殊情况，他们也还是一如往常的沉稳，不会乱了方寸。正是他们的沉稳，许多问题才找到了答案。

王维有这样一首诗：

人闲桂花落，夜静春山空。
月出惊栖鸟，时鸣幽涧中。

　　桂花是一种极小极小的花，人们几乎看不到它的坠落，但诗人却看到了。诗人在这首诗里为我们展示出了一个宁静的世界：静静的夜色、空灵的春山、皎洁的月亮、惊鸣的小鸟，这一切构成了一幅春山静夜图。在这幅图里，我们能看到诗人的观察和感受非常细腻深入，尤其是"月出惊栖鸟，时鸣幽涧中"两句，诗人从鸟的鸣叫之中更感觉到了春山之夜的宁静，因为"鸟鸣山更幽"。我们可以说，王维在这首诗里观察到的都是一些非常细小的变化——桂花的坠落、春山的空灵、月光惊醒的鸟儿。这些变化人们常常都注意不到，王维为什么能观察到呢？这就是因为心态的缘故。诗的开篇有两个字——人闲。什么是"人闲"呢？一般字面的理解就是闲着无事可干。这里的意思更高一层，它指的是人的一种心态。这种心态就是内心宁静，没有烦恼、没有欣喜、没有痛苦、没有悲伤。正是在这种心态之下，王维才看见了别人看不见的细微变化。

　　其实，每个人都有过这样的体会，当你心情愉悦放松时，常常会感觉到记忆力增强，想问题时思路清晰，走路时仿佛也比平常脚步更轻快。而心急火燎地办事时，往往会丢三落四，思维模糊，说话的连贯性都没了。

　　在喧嚣的生活中，当你感到疲惫、感到烦恼或被某个问题难住的时候，你不妨静静地独处一会儿，让身心放松，默默地冥想，或者什么也不想……你会发现，这是一种很有益处的修身养性的方法，也是一种开启智慧和灵感的有效方法。

　　中国的古人就深谙此道。

　　洪应明说，夜深人静的时候，独自一人静静地坐下，省视内心，就会排除妄念，显现真我。他说，他常在这种静思中感悟到人生的真谛，既感知了真我、排除了妄念，又深深为自己的作为而感惭愧。

　　吕坤说，在静思时，可以看清楚自己究竟是一个什么样的人。

李日华则设计了一个美好的沉思环境：打扫干净一间屋子，在里边摆好卧榻几案，点上香，沏好茶，非常清静，没有其他杂物干扰。这时独坐凝想，自然就会感觉到头脑清醒，心胸爽朗，世界上的一切烦恼、俗念、丑恶，都会渐渐消去。

心要实，又要虚。无物谓之虚，无妄谓之实。惟虚故实，惟实故虚。心要小，又要大。大其心能体天下之物，小其心不偾天下之事。

人的心灵既要实在，又要空虚。对世间事物都不执著，这就叫空虚；没有一丝邪妄的念头，这就叫实在。只有心灵清虚空灵，才能观照万物；只有心灵纯真无妄，才能虚己受物。

这种中庸的辩证思想听起来有点太玄妙，却是生活的真理所在。成功者往往都是参透生活之禅的高手，他们懂得冷静地思考。内心不偏执，可以理智地排除杂念，控制不利情绪，喜怒哀乐皆可放置一边，能做到这一点的人很少，因此，成功的人也少。如果在生活中谁砺炼出了这样的心态，那他也就一定是个成功的人。因为他的好心态让他的智慧有了发挥的空间。

昂起头来！

信念，你拿它没办法，但是没有它你什么也做不成。

——撒姆尔·巴特勒

无论你内心感觉如何，你都要摆出一副赢家的姿态。就算你落后了，保持自信的神色，仿佛成竹在胸，会让你心理上占尽优势，而终有所成。

两个国家因边境问题发生冲突。强国首相接见了来访的小国大使。小国大使的话充满了威胁："让步吧！我们兵强马壮，惹我们的人没好下场。"强国首相哈哈大笑："我们要比你们强大100倍。"

小国大使仍不示弱，继续恐吓对方："我国有25000人的精良部队，能够占领贵国。"

强国首相大笑："我们拥有的军队，人数多过你们100倍。"

谈判至此，小国大使显露慌张神色，表示必须先向国内请示之后，方能再继续谈下去。

当双方再度展开谈判时，小国大使的态度有了180度的转变，趋向妥协，转为向大国求和。

强国首相诧异对方的改变，以为小国受到己方国力强盛的震慑，故而细问小国大使求和的原因。

小国大使神色自若地回答："不是我们惧怕你们的兵力，而是我们的国土太小，实在容纳不下250万名的战俘。"

这个故事看起来有点可笑，但从小国大使的身上你却更能够看到一种姿态，一种必胜的姿态。

有自信的人，从未想过失败。即使是像这个小国，实力如此薄弱，却依然考虑的是战胜后，狭窄的国土是否容纳得下为数众多的战俘。谁说弱者必败？

对自己有绝对信心的人，可以克服任何的困难与挫折。他们的眼光，只定位在成功的一方；信心正确地引导着他们，一路披荆斩棘奋勇直前。

有这样一个小故事：在一个王国里，有位大臣特别聪明，而这位大臣也因他的聪明，受到国王格外的宠爱与信任。

这位聪明的大臣不论遇上什么事，总是愿意去看事物好的那一面，因此，别人给了他一个雅号"必胜大臣"。

国王热爱打猎，有一次在追捕猎物的过程中，弄断了一节食指。国王剧痛之余，立即召来"必胜大臣"，征询他对这件断指意外的看法。

"必胜大臣"仍本着他的作风，轻松自在地告诉国王，这应是一件好事。

国王闻言大怒，认为"必胜大臣"在嘲讽自己，立时命左右将他拿下，关到监狱里待斩。

"必胜大臣"听后，笑着说："您不敢杀我，总有一天您还得把我放出来。"国王听了怒色道："来人，给我拉出去斩了。"但想一想道："先押入死牢。"就这样"必胜大臣"被关到死牢。

国王的断指痊愈之后，忘了此事，又兴冲冲地忙着四处打猎。却不料带队误闯邻国国境，被丛林中埋伏的一群野人活捉。

依照野人的惯例，必须将活捉的这队人马的首领献祭给他们的神，于是便抓了国王放到祭坛上。正当祭奠仪式开始，主持仪式的巫师突然惊呼起来。

原来巫师发现国王断了一截的食指，而按他们部族的律例，献祭不完整的祭品给天神，是会受天谴的。野人连忙将国王解下祭坛，驱逐他离开，另外抓了一位同行的大臣献祭。

国王狼狈地回到朝中，庆幸大难不死，忽然想到"必胜大臣"曾说过的话，立刻将他由牢中释放，并当面向他道歉。

或许在许多时候你的实力很差，地位很卑微，或者票子很少，但无论如何信心不能少。只要你坚持真理，那么不但能够给自己平添许多勇气，还能够震慑你的对手。

不抛弃、不放弃!

也许个性中,没有比坚定的决定更重要的成分。小男孩要成为伟大的人,或想日后在任何方面举足轻重,必须下定决心,不只要克服心理障碍,而且要在千百次的挫折和失败之后获胜。

——提奥多·罗斯福

与其说这是一个运动冠军的故事,不如说这是一个人生冠军的故事。

童年的格兰恩在一场大火中劫后余生,但却被严重烧伤的双腿困在床上,医生确诊他以后"无法正常走路"。对于任何一个渴望自由奔跑和跳跃的小男孩来说,这样的诊断都极其悲惨,更何况是对长跑情有独钟的格兰恩。

起初,格兰恩一家只以为"无法正常走路"就是走路的姿势会很难看,但至少可以走。事实上,烧伤痊愈后纠结的皮肤和萎缩的筋络,使得格兰恩的双腿既不能全蹲也无法直立,想"正常的走路"得靠轮椅,想跑步无异于痴人说梦!

格兰恩更不能接受这个事实,他哭闹、愤怒,拒绝见任何人。他把自己关在房间里,冷静下来之后,仍然有一种让双脚再次触地的渴望和冲动,他半蹲着倚墙站立后,又试着搬动双腿向前迈出一步,就立即被锥心刺骨的剧痛击倒在地,但这一步却给了他一丝希望:他能走!于是,格兰恩和家人制定了一份功能恢复计划,每一次训练都让他痛彻心扉……

就这样，数不清的眼泪和汗水，陪伴他成为奥运会历史上长跑最快的选手之一。

他对采访的记者说："一个运动员的成功，强健的体魄只占很小的一部分，大部分靠的是信心和积极的思想。换句话说，你要坚信自己可以达到目标。"他说，"你必须在三个不同的层次上去努力，即生理、心理和精神。其中精神层次最能帮助你，我不相信天下有办不到的事。"

拥有不绝望、不放弃的心态，就能使一个人将自己的弱点积极地转为最强的部分。这种转化的过程有点类似焊接金属：如果有一片金属破裂，经过焊接后，它反而比原来更坚固。这是因为高度的热力使金属的分子结构排列得更为紧密的缘故。

弱者与强者之间的距离的长短，掌握在你自己手里，要超越这段距离，首先必须超越自己。

《圣经·旧约》中提到这样一个故事，有一个高大的魔鬼总是欺负村里的孩子。一天，一个16岁的牧羊男孩来看望他的兄弟姐妹们。当他知道了魔鬼的事情后，就问他们："为什么你们不起来和魔鬼作战呢？"他的兄弟们一脸惊慌，回答说："难道你没看见他那么大，很难打倒他吗？"但这个男孩却镇静地说："不，他不是太大打不了，而是太大逃不了。"后来，这个男孩仔细观察、研究魔鬼的身体结构和动作特点，设计了一个类似投石器的工具将魔鬼杀死了。他成了人们心中的少年英雄。

这个故事中的牧羊男孩没有像其他人一样，只是想魔鬼如何的大、如何的厉害，而是找出他致命的薄弱环节；小男孩没有看不起自己的矮小，力量微弱，而是看到了自己的聪明和灵活，因此充满自信。其实，有很多时候并不是老天不公平，不让我们在生活中有所作为，甚至让我们生活在自认为的痛苦中，而是在任何时候只是一味地肯定别人的优点和处处受挫于自己的缺点。时时刻刻伴随着这种双重打击，怎么能够承受？又怎么能够成功呢？

来自哈佛大学的一个关于成功就业的研究发现，一个人若得到一份自己喜爱的工作，85%取决于他的心态，而只有15%取决于他的智力和所知道的事实与数据。对每一个渴望振翅翱翔的人来说，好心态就是助他鹏程万里的那双翅膀。

有一个人在集市上卖气球，他有各种颜色的气球，红的、黄的、蓝的和绿的。每当买的人少的时候，他就放飞一个气球。当孩子们看到升上天空的气球如此漂亮的时候，他们都想买一个。这样，卖气球人的生意又好起来。这个人一直重复着这个过程，一天，他感到有人在拉他的衣服，他转过身来，只见一个可爱的小男孩在问他："如果你放开一个黑色的气球，它也会飞起来吗？"卖气球的人被这个男孩的专注所打动，和蔼地说："孩子，不是气球的颜色使它飞起来，使它飞起来的是里面的气体。"我们的生活也是如此。在生活中，是我们的内心世界在起作用，使我们不断进步的内部动力就是我们永远的优势之一。

积极的心态与消极的心态一样，都会对人产生一种作用力，两种力作用点相同，作用方向则相反，这一作用点就是你自己。要成为强者，你必须最大限度地发挥积极心态的力量，以抵消消极心态的反作用力。

既然心态是如此重要，为什么不让自己的心态积极一点呢？让自己保持积极的心态，认真投入、敬业地去做事情，不仅可以超越自我，发挥自己的潜能，而且还可以帮助我们跨越成功的障碍。在某些时候，一切条件似乎都对我们不利，此时要从心理上多发掘自己的优势，能够比别人多投入一些，更积极一些，再坚持一些，从不轻言放弃，成功就离你越来越近，你就会由弱者变为强者。

第四章
海纳百川,有容乃大

在人际交往中,仅仅有前面所说的"练达"是不够的,还应该以豁达的状态待人。豁达不是简单的大大咧咧,而是能以包容、宽怀的心看待别人的高低对错,以坦然恬静的心情对待自己的成败得失。

独木不成林,你需要与人合作

人们在一起可以做出单独一个人所不能做出的事业;智慧+双手+力量结合在一起,几乎是万能的。

——美·韦伯斯特

没有人能够不需要任何帮助而生活。如果你在工作中只顾埋头苦干,不愿去和别人分享你的成绩或是快乐,忽视了人际关系的培养时,你所遇到的困难就会成倍地增加,你所感受的压力也会成倍增长。并且,你将肯定不再受欢迎。

初中的政治课上老师教导我们:人是社会的动物。语文老师则在黑板上写了一个大大的"人"字,语重心长地对大家说:"'人'的一撇一捺是相互支撑的,缺少了其中任何一半'人'字都将不复存在。"你说:我知道这个道理!可是,"知道"是一回事,懂得又是另一回事。在职场上,有多少人因为承受不住同事所带给自己的巨大压力而黯然谢幕了呢?不是因为工作能力差,知识不够丰富,为什么被排挤掉或是主动辞职的总是这些人呢,难道是上天偏偏让他们命运多舛不成?其实也怪不得别人,谁让这些特立独行者总是和别人对不上眼,相处得不融洽,搬起人际关系这块巨石来砸向自己事业之路上的脚呢?

答案就是,对不起,恕我直言,你太自私,太狂妄了。在新进公司的第一天,你不愿同别人说话,不愿向老员工讨教,因为你觉得自己没有必要主动说话,至少你的学历很可能比他们高;当工作中你遇到困难时,你不屑向同事们请教,而是毫不犹豫地冲向总经理办公室,这样一来在别人眼中你的另一个名字叫做"马屁精"。如果你取得了可喜的成绩，你更不愿把它拿出来和同事们一起分享，因为这是自己努力的结果，关别人什么事？当然，也没有人会祝贺你的成功……久而久之，你突然发觉到自己似乎变成了公司里最不受欢迎的那一个，没有同事冲你真诚友好地微笑，聚餐也没有你的份。天啊，每天除了要应付烦死人的工作还要应付同事们所加在你头上的压力！看，你会有多痛苦？

这一切恶果都是由你自己造成的，不要抱怨别人。

每一份工作都需要他人的帮助，例如你需要一份几天前的报道来充实你的报告，而邻座的女孩恰巧手头还有。于是你就必须对她说请把旧报纸借我一下。如果你脸上写满微笑的话，相信她会十分情愿地把它借给你看的。

当你轻松完成了自己的工作任务，剩下的时间就用来享受生活好了。看，合作多么美好！懂得运用人际关系合作完成任务的人哪里还有什么所谓的工作压力？所有任务老早就都轻松愉快地搞定啦！

请看卡内基找寻一位首席化学家的故事：经过全球探访后，他找到一位当时在德国公司任职的化学家，这位化学家的能力是毋庸置疑的，于是卡内基便和他签了长达5年的合同，但是不到一年卡内基就和他解约了。为什么呢？因为这位化学家很容易发脾气，整个部门被他搞的一团糟，没有人愿意与他共事。而他也因为太计较小事而经常怒气冲冲，以致什么成就都没有。像卡内基一样，所有老板都愿意雇用善于和他人合作的人。因为企业是一个团体，其中的每股力量都是奋勇向前的，如果你不能很好地同他人协调，你的思想、行为不仅会因此而产生负担，同时你还会成为人民公敌，害群之马。所有人都一致认为应该把你从这个集团中"剔除"掉，接下来的日子你可能就要再一次即将面对失业的压力了。

每个人的力量都是有限的，一个单独的个体绝没有机会取得成功。这是大家都清楚的问题。但是，只一味地付出，不能与人互利互惠，对你来说也不是件好事。人们需要合作才能有一个美好的未来。

伟大的导师马克思在写巨著《资本论》时，家庭生活陷入极度穷困的地步。为了支持好友不断写下去，恩格斯暂时放弃了自己的理论研究，去从事他最厌恶的买卖行当，他用这笔钱资助马克思完成了著述。

当《资本论》第一卷问世后，马克思在给恩格斯的信中动情地说道："这件事成为可能，我只有归功于你！没有你的牺牲精神，我绝对不能完成我那三卷的巨著。"

由此可见，合作是具有多么大力量的一件事！它能帮助你完成自己的工作，减轻你的压力和负担，让你精力十足活蹦乱跳地投入到下一项更有挑战性的工作当中去！

在社会大舞台上，不论你从事什么事业，要想取得成功，都必须搞好人际关系。因为如果你不占天时、地利就必须得占"人和"。不论在哪一个专业领域，单独一个人想达到事业的顶峰，是不可能的事情。而要得到别人帮助的最好办法，就是愿意帮助别人。当你试着随时鼓励并协助他人求取事业的成功时，大部分人在你需要他们时都会助你一臂之力。不吝于伸出援手，你才会得到相等的回报。反之，你将一无所获。

与人和谐相处与分工合作的精神，是最高尚的人际关系。从广义来说，合作就是对你的同事以行动来表示关心。当你能与别人合作无间时，你的困难会因为多一个人进来分担而降低，而取得成就的喜悦会因为多一个人分享而加倍。你要记得，只要继续专心于自己的工作，并尽量协助他人，最终是会达成自己的目标的。要让自己始终保持友善及充分合作的态度并不容易，但你最后一定会发现，这样的努力是值得的。

在一个团队中，你只需这样做便会降低你的工作压力和人际压力：

①每进入一个团体都要尽快融入其中，并让大家看到你是一个有工作能力的人，且对他们有所帮助。

②不要拒绝别人向你请求的帮助，否则也没人愿意在你有困难的时候施以援助之手。

③有了成绩要与上司分享，更要与同事们分享，做个大度的人才会赢得他人的尊重与信任。当然，你也可以享受别人的成绩带来的快乐。

④不要有嫉妒心理，真诚地助别人一臂之力或是赞美别人的成绩，嫉妒除了扭曲你的人格让你做出破坏同事间关系的傻事外没什么别的用途。

⑤必要的时候做出一点牺牲，你能舍小利去帮助别人相信上司和大家总会看到的，那样的话，人们就都会开始信任和感谢你了！

⑥要对别人做出客观公正的评价，压制、贬低别人或是扮演阻挡他人进步角色的人迟早要受到惩罚，不但自身形象大大受损，而且也没有人再愿意帮助他了！

无论是在工作中，还是在生活中，许多人都不懂得付出的快乐，不懂得合作的力量，因此他们承受着加倍的压力和痛苦，当习惯了付出，即使你不要求回报也会来找你的。比如有一天，当你正愁眉苦脸对着一堆数字发愁时，你的做会计的女同事会过来，轻轻对你说，请问，需要我帮忙吗？

给别人一点宽恕，给自己一条后路

不会宽容人的人，是不配受到别人的宽容的。

——贝尔奈

也许昨天，也许很久以前，有人伤害了你，你不能忘记。你本不应受到这种伤害，于是你把它深深地埋在心里等待报复。不过现在你应该明白，这样做是毫无益处的，不肯放过别人就是不宽恕自己。

在这个世界里，一个人即使是出于好意也会伤害他人。朋友背叛你、父母责骂你、爱人离开你……总之，每个人都会受到伤害。

人一旦受到伤害的时候，最容易产生两种不同的反应：一种是怨恨，一种是宽恕。

怨恨是你对受到深深的、无辜伤害的自然反应，这种情绪来得很快。女人希望她的前夫与他的新妻子倒霉；男人希望背叛了他的朋友被解雇。无论是被动的还是主动的，怨恨都是一种郁积着的邪恶，它窒息着快乐，危害着健康，它对怨恨者的伤害比被怨恨者更大。

消除怨恨最直接有效的方法就是宽恕。宽恕必须承受被伤害的事实，要经过从"怨恨对方"，到"我认了"的情绪转折，最后认识到不宽恕的坏处，从而积极地去思考如何原谅对方。

宽恕是一种能力，一种停止伤害继续扩大的能力。

宽恕不只是慈悲，也是修养。

生活中，宽恕可以产生奇迹，宽恕可以挽回感情上的损失，宽恕犹如一个火把，能照亮由焦躁、怨恨和复仇心理铺就的黑暗道路。

曾任纽约州长的威廉·盖诺被一份内幕小报攻击得体无完肤之后，又被一个疯子打了一枪几乎送命。他躺在医院为他的生命挣扎的时候，他说："每天晚上我都原谅所有的事情和每一个人。"这样做是不是太理想了呢？是不是太轻松、太好了呢？如果是的话，就让我们来看看那位伟大的德国哲学家，也就是"悲观论"的作者叔本华的理论。他认为生气就是一种毫无价值而又痛苦的冒险，当他走过的时候好像全身都散发着痛苦，可是在他绝望的深处，叔本华叫道："如果可能的话，不应该对任何人有怨恨的心理。"

当耶稣说"爱你的仇人"的时候，他也是在告诉你：怎么样改进你的外表。你一定见过这样的女人，她们的脸因为怨恨而有皱纹，因为悔恨而变了形，表情僵硬。不管怎样美容，对她们容貌的改进，也及不上让她心里充满了宽容、温柔和爱所能改进的一半。

怨恨的心理，甚至会毁了你对食物的享受。圣人说："怀着爱心吃菜，也会比怀着怨恨吃牛肉好得多。"

要是你的仇人知道你对他的怨恨使你精疲力竭，使你疲倦而紧张不安，使你的外表受到伤害，使你得心脏病，甚至可能使你短命的时候，他们不是会拍手称快吗？

即使你不能爱你的仇人，至少也要爱你自己。要使仇人不能控制你的快乐、你的健康和你的外表。就如莎士比亚所说的："不要因为你的敌人而燃起一把怒火，热得烧伤你自己。"

你也许不能像圣人般去爱你的仇人，可是为了你自己的健康和快乐，你至少要忘记他们，这样做实在是很聪明的事。艾森豪威尔将军的儿子约翰说："我父亲不会一直怀恨别人。"他说："我爸爸从来不浪费一分钟，去想那些不喜欢的人。"

在加拿大杰斯帕国家公园里，有一座可算是西方最美丽的山，这座山以伊笛丝·卡薇尔的名字为名，纪念那个在1915年10月12日像军人一样慷慨赴死——被德军行刑队枪毙的护士。她犯了什么罪呢？因为她在比利时的家里收容和看护了很多受伤的法国、英国士兵，还协助他们逃到荷兰。在十月的那天早晨，一位英国教士走进军人监狱——她的牢房里，为她做临终祈祷的时候，伊笛丝·卡薇尔说了两句将刻在纪念碑上不朽的话语："我知道光是爱国还不够，我一定不能对任何人有敌意和恨。"四年之后，她的遗体转移到英国，在西敏寺大教堂举行安葬大典。人们常常到国立肖像画廊对面去看伊笛丝·卡薇尔的那座雕像，同时朗读她这两句不朽的名言。

托尔斯泰曾经讲过这样一个故事：

有位国王想励精图治，如果有三件事可以解决，则国家立刻可以富强。第一，如何预知最重要的时间。第二，如何确知最重要的人物。第三，如何辨明最紧要的任务。于是群臣献计献策，却始终不能让国王满意。

国王只好去问一位极为高明的隐士，隐士正在垦地，国王问这三个问题，恳求隐士给予指点。但隐士并没有回答他。隐士挖土累了，国王就帮他继续干。天快黑时，远处忽然跑来一个受伤的人。于是国王与隐士把这个受伤的人先救下来，裹好了伤口，抬到隐士家里。翌日醒来，这位伤者看了看国王说："我是你的敌人，昨天知道你来访问隐士，我准备在你回程时截击，可是被你的卫士发现了，他们追捕我，我受了伤逃过来，却正遇到你。感谢你的救助，也感谢你让我知道了这个世界上最宝贵的东西，我不想做你的敌人了，我要做你的朋友，不知你愿不愿意？"国王听了微笑着说："我当然愿意。"

国王再去见隐士，还是恳求他解答那三个问题。隐士说："我已经回答你了。"国王说："你回答了我什么？"隐士说："你如不怜悯我的劳累，因帮我挖地而耽搁了时间，你昨天回程时，就被他杀死了。你如不怜恤他的创伤并且为他包扎，他不会这样容易地臣服你。所以你所问的最重要的时间是'现在'，只有现在才可以把握。你所说的最重要人物是你'左右的人'，因为你立刻可以影响他。而世界上最重要的是'爱'，没有爱，活着还有什么意思？"

学着宽恕吧！遇事记恨别人的人，往往不能从被伤害的阴影中平安归来，痛苦总是如影随形，受伤害的反而是自己。因此，你一定要尽己所能地宽恕别人，这样做也正是在宽恕自己。

扔掉多余行李,你会走得更远

但愿每次回忆,对生活都不感到负疚。

——郭小川

有人说过这样的一句话:"年轻的时候,拼命想用'加法'过日子,一旦步入中年以后,反而比较喜欢用'减法'生活。"

所谓"加法",指的是什么都想要多、要大、要好。例如,钱赚得更多、工作更好、职位更高、房子更大、车子更豪华等等;当进入中年之后,很多人反而会有一种迷惘的心态,花了半生的力气去追逐这些东西,表面上看来,该有的差不多都有了,可是,自己并没有变得更满足、更快乐。

人生在不同的阶段,需要的东西自然也会有变化。

每个人在来到这个世上时都是两手空空,没有任何东西,因此重要的事情也只是"吃喝拉撒睡"。

随着岁月流逝人的年纪越来越大,生活也开始变得复杂。除了一大堆的责任、义务必须承担之外,身边拥有的东西也开始多了起来。

至此之后,便不断的奔波、忙碌,肩上扛的责任也愈来愈重。而那些从各处弄来的东西都是需要空间存放的,所以,需要的空间也愈来愈大,当我们发现有了更多的空间之后,立刻毫不迟疑地又塞进新的物品。当然,累积的责任、承诺以及所有要做的事也不断地增加。

曾有这么一个比喻:"我们所累积的东西,就好像是阿米巴变形虫分裂的过程一样,不停地制造、繁殖,从不曾间断过。"那些不断增多的物品、工作、责任、人际、财务占据了你全部的空间和时间,许多人每天忙着应付这些事情,累得早已喘不过气,几乎耗掉半条命,每天甚至连吃饭、喝水、睡觉的时间都没有,也没有足够的空间活着。

拼命用"加法"的结果,就是把一个人逼到生活失调、精神濒临错乱的地步。这是你想要过的日子吗?

这时候,就应该运用"减法"了!

这就好像参加一趟旅行,当一个人带了太多的行李上路,在尚未到达目的地之前,就已经把自己弄得筋疲力尽。唯一可行的方法,是为自己减轻压力,就像将多余的行李扔掉一样。

著名的心理大师容格曾这样形容,一个人步入中年,就等于是走到"人生的下午",这时既可以回顾过去,又可以展望未来。在下午的时候,就应该回头检查早上出发时所带的东西究竟还合不合用?有些东西是不是该丢弃了?

理由很简单,因为"我们不能照着上午的计划来过下午的人生。早晨美好的事物,到了傍晚可能显得微不足道;早晨的真理,到了傍晚可能已经变成谎言"。

或许你过去已成功地走过早晨,但是,当你用同样的方式度过下午,你会发现生命变得不堪负荷,窒碍难行,这就是该丢东西的时候了!

用"加法"不断地累积,已不再是游戏规则。用"减法"的意义,则在于重新评估、重新发现、重新安排、重新决定你的人生优先顺序。你会发现,在接下来的旅途中,因为用了"减法",负担减轻,不再需要背负沉重的行李,你终于可以自在地开怀大笑!

种下一粒爱的种子，你会收获一箩筐果实

人家帮我，永志不忘；我帮人家，莫记心头。

——华罗庚

关爱他人，你所付出的仅是一点爱心，但你收回的却是巨大的幸福。请相信爱心是能够被传递的，关爱别人就是在关爱自己。

有一个人被带去观赏天堂和地狱，以便比较之后能让他聪明地选择自己的归宿。他先去看了魔鬼掌管的地狱。第一眼看去条件非常好，因为所有的人都坐在酒桌旁，桌上摆满了各种佳肴，包括肉、水果、蔬菜。

然而，当他仔细看那些人时，发现没有一张笑脸，也没有伴随盛宴的音乐或狂欢的迹象。坐在桌子旁边的人看起来沉闷，无精打采，而且皮包骨头。更奇怪的是，那些人每人的左臂都捆着一把叉，右臂捆着一把刀，刀和叉都有四尺长的把手，使它们不能用来自己喂自己吃，所以即使每一样食物都在手边，结果他们还是吃不到，一直在挨饿。

然后他又去了天堂，景象却完全一样：同样食物、刀、叉与那些四尺长的把手，然而，天堂里的居民却都在唱歌、欢笑。这位参观者困惑了。他奇怪为什么条件相同，结果却如此不同。在地狱的人都挨饿而且可怜，可是在天堂的人吃得很好而且很快乐。最后，他终于看到了答案：地狱里每一个人都试图喂自己，可是一刀一叉，以及四尺长的把手根本不可能吃到东西；天堂里的每一个人都是喂对面的人，而且也被对面的人所喂，因为互相帮助，所以，谁都可以吃到食物。

在关爱他人的同时，你就是在为自己播下一枚与人为善的种子。随着时光的流逝，它会发芽、抽叶，直至长得枝繁叶茂。它不仅能够为他人挡风遮雨，也能呵护你、安慰你获得幸福。

任何一种真诚而博大的爱都会在现实中得到应有的回报。付出你的爱，给别人力所能及的帮助，你的人生之路将多通途，少险阻。

小城里有一对待人极好的夫妇不幸下岗了，在朋友、亲属以及街坊邻居们的帮助下，他们开起了一家火锅店。

刚开张的火锅店生意清冷，全靠朋友和街坊照顾才得以维持。但不出三个月，夫妇俩便以待人热忱、收费公道而赢得了大批的"回头客"，火锅店的生意也一天一天地好起来。

几乎每到吃饭的时间，小城里的七八个大小乞丐，都会成群结队地到他们的火锅店来行乞。

夫妇俩总是和颜悦色地对待这些乞丐，从不呵斥辱骂。其他店主，则对这些乞丐连撵带哄，一副讨厌至极的表情。而这夫妇俩则每次都会笑呵呵地给这些肮脏邋遢、令人厌恶的乞丐盛满热饭热菜。最让人感动的是夫妇俩施舍给乞丐们的饭菜，都是从厨房里盛来的新鲜饭菜，并不是那些顾客用过的残汤剩饭。他们给乞丐盛饭时，表情和神态十分自然，丝毫没有做作之态，就像他们所做的这一切原本就是分内的事情一样，正如佛家禅语所说的，这是一对"善心如水的夫妻"。

日子就这样一天一天地过着，一天深夜，火锅店周围燃起了大火，火势很快便向火锅店窜来，如果温度过高，店里的液化气罐很可能引发爆炸。

这一天，恰巧丈夫去外地进货，店里只留下女主人照看。一无力气二无帮手的女店主，眼看辛苦张罗起来的火锅店就要被熊熊大火吞没，女店主却束手无策，这时，只见平常天天上门乞讨的乞丐们，不知从哪里跑了出来，在老乞丐的率领下，冒着生命危险将那一个个笨重的液化气罐搬运到了安全地段。紧接着，他们又冲进马上要被大火包围的店内，将那些易燃物品也全都搬了出来。消防车很快开来了，火锅店由于抢救及时，虽然也遭受了一点小小的损失，但最终还是保住了。而周围的那些店铺，却因为得不到及时的救助，货物早已烧得精光，火锅店重新开张之后，几个乞丐就做了店里的伙计。从那以后，火锅店的生意更是越做越大，那对夫妇把火锅店的连锁店一直开出了小城，遍布了整个城市。

生活就像是山谷里的回声，你喊"我恨你"，它也会回答我"我恨你"，你喊"我爱你"，它也会回答你"我爱你"。以自己的诚心爱别人，就像是在生活的银行里存了一笔钱，当你在危难时，你存入的那笔钱自然会起作用。而且你存的越多，收益也就越多，而且它还会给你带来一种附加值，那就是：极好的信誉和人缘。让你在世间越行越敞达。

遇事隐忍，吃亏是福

只要你不计较得失，人生还有什么不能想法子克服的？

——海明威

生活中，不要总想着事事争强，处处占上风，这样的心态只会害了你，因为只知道占便宜的人就是最容易吃亏的人。

公交车上总是会有那么多人，从来就没有空的时候。这日莎燕下班回家，在公司门前的那个站牌等公车。千等万等，终于来了一趟。

哇噻！公车里好多的人，黑压压的只能看见一堆脑袋。

莎燕努力地向上挤，终于挤上了车。但挤车时一不小心，踩了旁边的胖大嫂一脚。胖大嫂的大嗓门叫开了："踩什么踩，你瞎了眼了？"莎燕原本还想道歉，但一听这话，面子上挂不住了，"就踩你了，怎么着？"

于是，两个女人的好戏开演了。双方互相谩骂，恶语相加。随着火力的升级，两人竟然动起了手，胖大嫂先给了莎燕一下，莎燕也立即以牙还牙，两手都上去了，在胖大嫂脸上乱抓一通。还是边上的人好心，才把两人拉开了。莎燕的指甲长，抓破了胖大嫂的脸，而她却没怎么受伤。想到这里，莎燕不禁得意起来。

终于回到了家，一进家门莎燕便向老公倒起了苦水。不过她倒认为自己没吃亏，反倒把那恶妇抓破了脸，讲到这里一脸的灿烂，这时老公看了她一眼，惊奇地问道，你右耳朵上的那个金耳坠呢？莎燕一摸耳朵，耳坠早已不见了……

我们经常以为"以牙还牙"就是让自己不吃亏的最大原则，总以为别人占自己一分便宜，自己就要想尽办法占三分回来，否则自己就是吃了大亏，但是事实真的像我们想象的那么单纯吗？

其实不然，因为，当你得意洋洋地以为自己什么亏都没吃到，实际上，可能反而是吃了大大的亏。

别人无意中踩了你一脚，实属无心无意之举，何必吹胡子瞪眼，弄得鸡飞狗跳，不欢而散？况且，局面越是混乱就越容易出意外。与其给人以可乘之机，倒不如心平气和相互道一声"对不起"，不就什么事都解决了吗？

有一位先生到一家保龄球馆打保龄球。

相邻球道一位小姐提起一个保龄球，碎跑几步，朝球瓶奋力掷去，哪知道她那无缚鸡之力的纤纤玉指没把球抓稳，球不朝目标飞去，却听"哎哟"一声尖叫，球重重地砸在了旁边一位先生的脚上，痛得他嗷嗷直叫。血浸透袜子，左脚大拇指的指甲已经脱落。

小姐吓得面色发紫，惊惶失措，一个劲地说："对不起，请原谅，我该死，我第一次打保龄球，请多多包涵。"那位先生并未恼怒，而是忍痛笑道："小姐，你再练了一定能次次击中，我的脚指头那么小都能打中，球瓶那么大还能打不中？"小姐忍不住扑哧一声笑红了脸："十指连心，可你忍着不喊疼，真是男子汉。"先生又歪咧着嘴说："我不是女人，也不是太监，只能是男子汉了！"

　　小姐执意要送这位先生去医院。后来，这个意外事故的结尾却成就了一个美好故事的开端，他们谈起了恋爱，并终成眷属。妻子夸丈夫："他坚强勇敢，胸襟宽广，为人和气，机智幽默，懂得体贴，谅解他人过失，是值得终生依靠的男人。"丈夫也说："当初我要骂一顿，吵一通，既不解痛，也不解气，何苦来着？丢了个指甲盖，却捡来个好妻子，真是吃亏是福啊！"

　　心胸宽广一点吧，吃点小亏并不会给你带来太大损失，反而会让你赢得更多的敬意和人缘，这样看来吃亏又何尝不是在占便宜呢。

助人亦是助己

　　人的生命是有限的，可是，为人民服务是无限的，我要把有限的生命，投入到无限的为人民服务之中去。

——雷锋

　　冷漠自私的心态会拉大人与人之间的距离，一个过分在意自己所有，无视他人困苦的人，终究会被他人抛弃。

一个寒冷的夜晚，一个简陋的旅店来了一对上了年纪的客人，不幸的是，这间小旅店早就住满了人。

"这已是我们寻找的第四家旅社了，这鬼天气，到处客满，我们怎么办呢？"这对老夫妻望着阴冷的夜晚发愁。

店里的小伙计不忍心让这对老年客人受冻，便建议说："如果你们不嫌弃的话，今晚就睡在我的床铺上吧，我自己打烊时在店堂打个地铺。"

老年夫妻非常感激。第二天他们要按照旅店住宿价格付客房费，小伙计坚决地拒绝了。临走时，老年夫妻开玩笑地说："如果你经营旅店，你可以当上一家五星级酒店的总经理。"

"是吗？真希望是那样，我也想多挣一点，让家人过得舒舒服服的！"小伙计随口应和地哈哈一笑。

没想到，两年后的一天，这个小伙计收到一封寄自纽约的来信，信中夹有一张往返纽约的双程机票，信中邀请他去拜访当年那对睡他床铺的老夫妻。

小伙计来到繁华的大都市纽约，老年夫妻把小伙计带到大街上，指着那儿的一幢摩天大楼说："这是一座专门为你兴建的五星级宾馆，现在我正式邀请你来当总经理。"

小伙子因为一次举手之劳的助人行为，美梦成真。这就是著名的奥斯多利亚大饭店的总经理乔治·波菲特和他的恩人威廉先生一家的真实故事。

这个小伙计给了老年夫妻一次热情的帮助，而他得到的回报是一家五星级酒店。很多时候帮助别人就是在帮助自己，乐于助人的人会得到厚报，而冷漠自私的人只会伤害到自己。

生活中，一些人冷漠自私，在他们固有的思维模式中，认为要帮助别人自己就要有所牺牲，所以事不关己何必为别人费心呢？其实别人得到的并非是你自己失去的，帮助别人就是在帮助你自己。下面这个小故事就可以很好地说明这一点：

瑞士的一个小渔村里，有一个叫罗吉的少年，他是一个热心的小伙子，非常乐于助人，他以自己的经历，再次向人们证明了：帮助别人其实就是在帮助自己。

那是一个漆黑的夜晚，巨浪击翻了一艘渔船，船员们的性命危在旦夕。他们发出了求救信号，而救援队的队长正巧在岸边，听见了警报声，便紧急召集救援队员，立即乘着救援艇冲入海浪中。

当时，忧心忡忡的村民们全部聚集在海边祷告，每个人都举着一盏提灯，以便照亮救援队返家的路。

两个小时之后，救援艇冲破了浓雾，向岸边驶来，村民们喜出望外，欢声雷动，当他们精疲力竭地跑到海滩时，却听见队长说："因为救援艇的容量有限，无法搭载所有遇难的人，无奈只得留下其中的一个人。"

原本欢欣鼓舞的人们，听见还有人危在旦夕，顿时都安静了下来，所有人的情绪再次陷入慌乱与不安中。

这时，来不及停下喘息的队长立即开始组织另一队自愿救援者，准备前去搭救那个最后留下来的人。

17岁的罗吉立即上前报名，然而，他的母亲听到时，连忙抓住他的手，阻止说："罗吉，你不要去啊！10年前，你的父亲在海难中丧生，而3个星期前，你的哥哥约翰出海，到现在也音讯全无啊！孩子，你现在是我唯一的依靠，千万不要去！"

看着母亲，罗吉心头一酸，却仍然强忍着心疼，坚定地对母亲说："妈妈，我必须去，如果每个人都说'我不能去，让别人去吧'，那情况将会怎么样呢？妈妈，您就让我去吧，这是我的责任，只要还有人需要帮助，我们就应当竭尽全力地救助他。"

罗吉紧紧地拥吻了一下母亲，然后义无反顾地登上了救援艇，和其他救援队员一起冲入无边无际的黑暗中。

一小时过去了，虽然只有一个小时，但是对忧心忡忡的罗吉母亲来说，却是无比漫长的煎熬。终于，救援艇冲破了层层迷雾，出现在人们的视野中，大家还看见罗吉站在船头，朝着岸边眺望，众人不禁向罗吉高喊："罗吉，你们找到留下来的那个人了吗？"

远远的，罗吉开心地朝人群挥着手，大声喊道："我们找到他了，他就是我的哥哥约翰啊！"

罗吉不顾母亲的劝阻，坚持去救援，令人倍感温馨的是，他救回来的竟是自己的哥哥！他的乐于助人使他得到了意想不到的回报。现实生活中，有很多冷漠自私的人，他们不愿为别人着想，不愿帮助别人，结果，他们就像一个孤岛一样，没有朋友，当他们出了问题，也很少有人愿意帮助他们！

生活就像山谷回声，你付出什么就得到什么，你帮助的人越多，得到的就越多。因此，如果你有能力帮助别人的话，请千万别选择冷漠。

没有人喜欢冷血动物

感情淡薄使人平庸。

——狄德罗

名作家哲斯特顿说过：最无聊的畏惧是怕伤感多情。人们因为怕人看见自己脆弱的一面，就装作无动于衷的样子来掩饰内心情感。心里想说的是"万分感激"，口头上却只是轻轻道一声"谢谢你"；心中的感想是"此时一别，不知何时再相逢"，但是表现出来的只是无足轻重的挥手"再见"。

许多人以为冷漠和不显露感情为成熟的标志。实际上，压抑着情怀，就像是生活在一个没有酒、没有音乐，或是没有炉火温暖的世界中。因为人有感情，让萍水相逢的两个人成为挚友，让人在无意中收获了很多受益终生的东西；因为有感情，才能成功地建立婚姻和家庭。婚姻必须有感情，就像是做生意必须有信誉。那是一种不可捉摸的因素，却比任何实际条件更有价值。温情从不会破坏婚姻；与之相反，平淡冷漠很容易使婚姻瓦解。

几乎每种有益于人类的进步，都有某一方面的感情力量为推动力。发现胰岛素的班亭医生，出身加拿大农家，小时候有个亲密伙伴——唐娜，和他一起踢球、爬树、溜冰、赛跑。有年夏天，唐娜忽然不能和他玩了，她的"血中有糖"，竟然卧床不起。班亭始终耿耿于怀。后来他学成行医，立志济人。因为他对她有一份情感，今日千百万糖尿病患者才得以生存。

只有小人才怕暴露真实的感情，而有所作为的人对内心的温情毫不掩饰，恰似对美好的事物或美好的生活一样。诗人爱默生的娇妻去世，他每天到她坟上去凭吊，两年如一日。作为一位文坛伟人，似乎很难被普通人亲近，可是听他讲演的人都觉得他十分亲切。一个村妇在听他讲演之后说："我们都是思想简单的人，可是我们听得懂爱默生先生的话，因为他直接对我们的心说话。"

罗斯福夫人艾莲娜有一次心有所感，向经济学家巴鲁克请教，她说："我的头脑叫我做，可是我的内心叫我不要做，我该怎么做？"

巴鲁克的劝告是："有疑问时，遵从你的心。如果因为遵从你的心而做错事，不会觉得太难过。"

大人物都不怕真情流露，我们为什么要怕？之所以怕，是因为我们从小就局限在生活的框框里成长。大家说：在事业上不宜动感情；科学没有感情；对自己也不可温柔多情。一定要把自身中最温暖、最好的一部分压住藏起，这想法实在是太没有价值了。

人怎样才能使感情蓬勃？怎样才能恢复似已消失的深情？

首先要问问自己。下次你再要抑制温暖和蔼的情绪时，应该反躬自问：我为什么不流露我的真情？我怕的是什么？这样做，是出于真诚，是故作老成世故，还是怕人说长道短？当然，不适当地过分流露感情并不可取，但更重要的是排除猜忌怀疑，不装模作样，应对生活中亲切感人之事有所反应。

也许给自己找的最多的借口是没有空闲，分秒必争的急促气氛与温柔的情怀格格不入。实际上，抽出一些时间来做那些"看来没有实际价值"的小事，却往往能够美化自己的生活及心灵。例如给远方很久不见的朋友写一封问候怀念的信，或是送人一点小礼物表示感谢等。

时间是一定有的，问题只在如何利用。

从前在某个乡村教区内，一个农民的妻子死了。她是个贤妻良母。儿女长大成人后各自离家独立，她伴着生性乖僻而沉默寡言的丈夫生活了几年，有一天在洗衣服时突然死去。在葬礼上，她的丈夫没有流眼泪，在走向坟场时，他也没有伤痛的表情。

但是葬礼完毕之后，他迟迟不走，等着和牧师说话。他把手中拿着的一本破旧小书递给牧师，伤心地说道："这是一本诗。她喜欢诗，你能替她念一首吗？她总是要我和她一起念，我总说没有空，田里每天都有事要做。不过现在我明白了，一天不下田，并没有什么了不得。"

大概非到太迟的时候，我们不会知道应该如何利用时间。多和家人交流，经常肯定和感谢对方为家庭所做的一切，一定更有利于和谐相处。如果这个农民早一点改变心态，早一点懂得流露感情，早一点说出自己的感激之情，他就不会留下如此深的遗憾。

爱人为你沏一杯热茶；邻居雨天帮你收起衣服；同事帮你将工作做得很好……面对这一切，你想过惜福与感恩吗？你吝啬过你的赞美之词吗？

有一个农妇在劳累了一天之后，为家里干活的几个男人准备了一大堆干草当晚餐。恼怒的男人们问她是不是疯了，农妇答道："嘿，我怎么知道你们会在意呢？二十多年来，我一直做饭给你们吃，你们从没说过什么，也从来没有告诉过我你们并不吃干草啊！"

在美国曾有人做过一项对离婚妇女的调查，在对家庭生活不满意的众多原因中，比例最高的一项就是："没有人领情"。你相信吗？许多对家庭不满的男人也许也有同样的理由。虽然我们也常常心里感谢他（或她）为我们所做的一切，却从来没有说出或者不懂得如何说出自己的感激之情。不知道适时表达出自己的赞美之情是我们经常忽略的一个毛病。众所周知的著名人际关系专家卡耐基也把它列为人性的一大弱点。

在简单而丰富的日常生活中，其实只要我们稍微在意的话，很多东西都是值得赞赏的。女儿从学校里带回一份考得不错的成绩单，我们应该赞赏她，这样她会继续努力并对自己充满信心；妻子买了一件新衣服，我们应该赞赏她的眼光，这样的话，她穿起来的时候就会觉得既漂亮又迷人；当疲惫的店员耐心地拿出货物让我们一一挑选的时候，我们也应该称赞他们优秀的服务态度，她工作起来就会更有劲……但是，遗憾的是，人们常常在这个时候，认为所有的一切都是理所当然，说不出一句赞赏的话来。对这个美德的忽略，会让我们的生活不完美，因为你失去了很多别人感激你的机会，你也就失去了很多内心满足的那种快乐。

所有的这一切，每个人看起来都在做着自己应该做的事而已，没什么值得特别关注的，这种想法不能说是错，但至少是不完全正确：我们忽略了他人的努力、热情与进步，没有促进事情向更好的方向去发展。

按照弗洛伊德的说法，一个人做事情的动机不外乎两点：性冲动和渴望伟大。美国哲学家约翰·杜威认为：人类本质里最深远的驱动力就是"希望具有重要性"。

在社会的大网中，我们每个人在各自的岗位上织着自己的那根丝。你在使这张网更完美，同时也在享用完美的网给你带来的便利；你需要得到赞美和肯定，别人也是这样，如果大家都吝啬的话，结局就是谁也不付出谁也得不到，那有多么可怕！所以，何不发自内心，真诚地流露情感，经常对他人施以赞美之词？要知道，你说出的只是一句话，享受它的人却得到了整个春天。

走自己的路，让别人说去吧！

人的理智就好像一面不平的镜子，由于不规则地接受光线，因而把事物的性质和自己的性质搅混在一起，使事物的性质受到了歪曲，改变了颜色。

——培根

有一句名言：走自己的路，让别人说去吧。

这句话常用在不被人理解时的自我心态调节。的确是这样，一味地关注别人的态度，会使自己失去原有的工作和生活准则，让自己陷入不必要的痛苦和烦恼之中。

小许的父母都是领导干部，他家是一个典型的高干家庭。从小到大，赞扬与微笑一直包围着他。上学时，班干部选举他总是"要职"，老师也特别喜欢他，常常有个别老师热情地邀请他去自己家中，给他"开小灶"，因此，他的学习成绩总是名列前茅。就这样他顺利地完成了中小学的学校生活，跨入了大学的门槛。

千万别以为是他的父母为他铺平了学习之路，其实小许不是那种依仗家势的"纨绔子弟"。他学习勤奋努力，乐于助人，生活朴素大方，在校期间是学生会干部，工作确实较为出色，同学们也十分佩服他，认为他是凭着自己的实力取得这样的成绩。可是，仍免不了有些素质差、心眼小的学生说出些风言风语，说他之所以一切顺利，是因为他有个好家境。

带着荣誉和少许的议论，小许的大学生活就这样结束了。他顺利地进入了一家全国知名的企业，并进入了最有潜力的部门。

小许并未因此而得意忘形，在工作上，他兢兢业业，一丝不苟，与同事的关系处得很好。而且在工作之余他没有放弃学习，不断吸收新知识。于是两年内小许连升两级，担任了项目副主管，他是公司成立至今提升最快的项目负责人。

明眼人都明白这是小许平时的勤奋得到了回报，所有的成绩都是他努力的结果。但还是有人在对他的赞扬声中掺杂了些许其他的声音。

"谁不知道他爸爸是干部呀，没有老子撑腰这么年轻能爬升得这么快吗？"

"啊，难怪……"

小许可以不去理会人们的私下议论，但有些话传到小许耳朵里时，他还是感到不舒服。他不像从前那样有说有笑了，甚至变得沉默寡言。他自认为只要不开口，时间一长大家会理解的，哪知，他的少言并没有减少议论的话语，大家反而说他官大就不认识人了，他觉得工作的环境越来越压抑。

他每天工作都小心翼翼，很少出办公室面对同事们，怕自己哪句话说不好大家又议论他。对于上级交代的工作任务，总是前思后想，难以决定，怕伤害到哪一个同事的利益，遭到背后的指点。他的工作积极性不再那么高了，业务质量也下降了，信心一落千丈，做事畏首畏尾。他整天思考的问题就是："他们是不是又在背后议论我了？"这个问题令他苦不堪言,他整日惶惶不安,使原本和谐的生活不再充满情趣。

"人在风中走,难免身着沙",一个人处在一个群体中,不可能不被议论,我们既是别人的谈论话题,也是谈论他人的一员,因为你的生活范围决定了你行为和结果的内容。

嘴长在别人身上,想要别人不谈论你,除非你不是这个集体中的一分子,和众人没有利害关系。做个隐形人最合适,但这根本不可能实现。那么知道有人在背后偷偷地说你时,只要你没当场听见,说明他的话根本见不得大众,你又何必去理会这些见不得光的"酸风醋雨"呢?如果让它们渗入你的身体,折磨你的神经,腐蚀你的信心,那你真是太傻了!

如果没有做错事情,你就不必担心别人怎么想。挺起胸膛,让众人的挑剔成为激进你的力量。"时间能证明一切"。让你日后的行为为你证明吧,行动胜于一切语言的表白,时间会让你的形象比以前更加高大,更加坚实。

任何人的成功都会伴随着一些坎坷,凡是有所成就的人,定在某些方面有所失,其行为也常常不被众人理解。行走在通往成功的道路上,你会发现,当你取得成绩时,不了解你的人,会忽视你的努力,而在你成功的过程上添加他们认为合理的因素。这是你总要面对的,想要人人都理解你,根本不可能。你要做的是,别去理会,用实力改变他们的想法。

一个人既然不能脱离群体而独立存在,那么就想办法融入其中。与同事融洽相处是一门学问,最重要的是真诚。当他们工作中有困难时,你应该在你能力范围内及时予以帮助;置之不理,冷眼旁观,甚至落井下石,那样的同事关系永远是冷漠的。当他们遇到问题需要询问你的意见时,用你的所知所懂告诉他们,即使说的不好或并不适用,他们也会感动你的"听",一个肯"听"别人的人还会招人讨厌吗?如果他因心情不悦说话办事时冒犯了你，但并没有跟你说"对不起"，你要保持冷静，以无所谓的态度，真心真意地原谅他；如果今后他有求于你时，你应该不计前嫌并毫不犹豫地帮助他。

那有人会说："我为什么要这样忍辱负重？那样一点个性都没有，即使我这样，他们还议论我怎么办？"继续原谅，让宽容的心包容一切。你是他们的同事，除了睡觉你每天的大半时间都是跟他们在一起。如果不与他们处好关系，整天郁闷不堪，那意味着你失去了一天中获得快乐与满足的大部分时间。

在竞争日益严重的今天，不相识的人之间都存在激烈的竞争，何况同事呢？同事之间存在竞争是很正常的现象，在一个没有竞争的公司只会使人的斗志渐失。有竞争才有激情。但是，一味地强调竞争，也会使人压力重重，使竞争的意义不再单纯，出现不可避免的摩擦。因此要懂得如何把因竞争带来的摩擦降到最低程度，学会把竞争导向对自己有利的方向。

小许的情况在现在的企业公司并不少见，年纪轻轻，职位高就，当然会受到一些资深职员对他能力与成就的怀疑猜测，在背后议论他的家世，在工作上与他较劲，在其他事情上故意为难。从心理学上讲，这是一种发泄，是为求得心理平衡采取的不理智方式。公司的大环境是这样，如果无力改变，就去适应，协调与同事的关系，因为与同事很好地合作有着不可轻视的作用。

所以，当有人在背后议论你时，你最应该做的就是调整自己的心态，静下心来想一想，是否自己也有做得不妥的地方，发现后迅速改正，让所有的议论声随着时间消失。客观理智地对待他人的背后议论，有助于树立自己的好形象，有助于事业的成功。

唾面自干，忍人所不能忍

路经窄处，留一步与人行；滋味浓的，减三分让人尝。

——洪应明

做人没有必要总是争强好胜。凡事争足了面子，占尽了风头。最后只会让自己落得个一无所有的下场。这就像你手里的一捧沙子。你抓得越紧，沙子就从指缝间漏得越快。

曾经有这样一个故事。一位顾客到茶室用茶。当他把柠檬与牛奶同时放入红茶中时，发现牛奶结块了。于是，冲着服务小姐大喊。

"小姐！你过来！你过来！看看！你们的牛奶是坏的，把我一杯红茶都糟蹋了！"

"真对不起！"服务小姐充满歉疚地笑道，"我立刻给您换一杯。"

新红茶很快就端上来了，碟边跟前一杯一样，放着新鲜的柠檬和牛奶。小姐轻声地告诉顾客说："我是不是能建议您，如果放柠檬，就不要加牛奶，因为有时候柠檬酸会造成牛奶结块。"这位顾客的脸一下子红了，他匆匆喝完茶就离开了。

不一会儿，有人笑问服务小姐："明明是他的错，你为什么不直说呢？他那么粗鲁地叫你，你为什么不还以一点颜色？"

"正因为他粗鲁，所以要用婉转的方式对待；正因为道理一说就明白，所以用不着大声！"小姐说，"理不直的人，常用气壮来压人。理直的人，要用气'和'来交朋友！"

生活中，类似这样的事常有，你若真的总是认真地和对方计较个明白。到最后也不一定真的可以让自己占了上风。所以，遇事可以不必太认真。在大是大非问题上知道什么是该做的，什么是不该做的，符合生活的尺度和准则就可以了。那些鸡毛蒜皮的小事，我们大可不必计较太多。忍一忍，装一装糊涂，反而会避免许多麻烦。

大凡世上的无谓争端多起于芥末小事，一时不能忍，铸成大祸，不仅伤人，而且害己，此乃匹夫之勇。凡事能忍者，不是英雄，至少也是达士；而凡事不能忍者纵然有点愚勇，终归城府太浅。所谓"小不忍则乱大谋"者也。

忍耐并非懦弱，而是于从容之中静观或蔑视对方。唐代高僧寒山问拾得和尚："今有人侮我，冷笑我，藐视我，毁我伤我，嫌恶恨我，诡谲欺我，则奈何？"拾得答曰："子但忍受之，依他让他，敬他避他，苦苦耐他，装聋作哑，漠然置之，冷眼观之，看他如何结局？"这种大智若愚的生活艺术，用老子的"不争而善胜，不言而善应"这句话来评论恰如其分。

唐朝的娄师德，是世家公子，祖上历代都做大官。他弟弟到代州去当太守。他嘱咐说："我们娄家屡世为官，泽及你我，所以难免故人说道。你出去做官，要认清这一点，遇事要能忍耐。"他弟弟说："这我懂得，就是有人把口水唾到我脸上，我也自己擦掉算了。"娄师德说："这样还不行。"弟弟又说："那就让它在脸上自己干。"娄师德说："这才对了。"

忍耐是一种难得糊涂的品质，它需要健康的心理。这种糊涂不是谁都能做到的，也不是谁都能学会的。做到了，万物皆备于我；学会了，人格就被提升。娄师德教诲他的弟弟"唾面自干"，实在是毅力的展开和情性的张扬。

无论是民族还是个人，生存的时间越长，忍耐的功夫就越深。生活在世上，要成就一番事业，谁都难免经受一段忍辱负重的曲折历程。因此，忍辱几乎是有所作为的必然代价，能不能忍受则是伟人与凡人之间的区别。韩信受辱胯下，张良献履桥端，难道他们就真的可以无视自己的自尊吗？不是，是因为他们有难得糊涂的勇气，忍人之所不能忍，糊涂他人之不能糊涂，所以可成大业。做人就该有一点糊涂的时候，不必凡事都要争强好胜，占尽风头。

强迫别人，与强暴何异？

最高的圣德便是为旁人着想。

——雨果

孔子告诫人们说："己所不欲，勿施于人。"意思是自己不喜欢做的事，不要强加在别人身上。这是一种很高的人生道德修养，也是为人处世应有的准则。

战国时期，梁国和楚国相接，两国在边境上各设界亭，亭卒们也都在各自的地界里种了西瓜。梁亭的亭卒勤劳，时常锄草浇水，瓜秧长势很好；而楚亭的亭卒懒惰，不理瓜事，瓜秧又瘦又弱，与对面瓜田的长势简直不能相比。楚亭的人觉得丢了面子，有一天乘夜无月色，偷跑过去把梁亭的瓜秧全给扯断了。梁亭的人第二天发现后，气愤难平，报告给边县的县令宋就，宋就说："我们也过去把他们的瓜秧扯断好了！这样做当然是很卑鄙的，可是，我们明明不愿意让他们扯断我们的瓜秧，那么，为什么再反过去扯断人家的瓜秧？别人不对，我们跟着学，那就太狭隘了。你们听我的话，从今天开始，每天晚上去给他们的瓜秧浇水，让他们的瓜秧长得好起来。而且，你们这样做，一定不可以让他们知道。"梁亭的人听了宋就的话后觉得很有道理,于是就照办了。楚亭的人发现自己的瓜秧长势一天好似一天,仔细一观察,发现每天早上地都被人浇过了,而且是梁亭的人在黑夜里悄悄为他们浇过水的。楚国的边县县令听到亭卒们的报告后,既感到十分惭愧,又感到十分敬佩,于是把这件事报告了楚王。楚王听说后,感于梁国人修睦边邻的诚心,特备重礼送梁王,既以示自责,亦以示酬谢。结果,这一对敌国成了友好的邻邦。

从这个故事可以看出,用己度人,推己及人的方式处理问题可以造成一种重大局、尚信义、不计前嫌、不报私仇的氛围,以及双方宽广而仁爱的胸怀。我们日常的生活处事又何尝不是如此呢?有的人处处小心翼翼,左顾右盼的想找出人事上的参照物来规范自己,约束自己,殊不知有时以此处事,反而会导致初衷与结果的南辕北辙。所以,不妨就按照"己所不欲,勿施于人"的原则,反求诸己,推己及人,则往往会有皆大欢喜的结果。自私自利的人,往往不懂得推己及人,一切以自我为中心,说话处世不顾别人的感受,往往会损害他人的利益,被别人咒骂,既损人又害己,一点也不值得。

不明白"己所不欲,勿施于人"的人,总是到处得罪人,最终将自己孤立起来,有时还会引来不必要的麻烦。

小李是一个很喜欢开玩笑的人,尤其是喜欢拿公司的同事开玩笑,平时在公司里数他话最多,因为大家同事一场也就没有人责怪他。后来,公司来了一个女同事小刘,小刘刚从大学毕业。但是,小李也不管别人喜欢与否,依旧开起玩笑来,而且都是一些将她与公司的男同事扯到一块的玩笑。小刘还没有结婚,哪里听得他那些玩笑,心里暗暗生了气。后来,她决定要和小李开个大玩笑。最开始,她是到小李所住的家属楼下面去喊他,让他的妻子产生了怀疑。后来,她又打电话给小李,小李的妻子接电话的时候,她就不吭声了,这样一连打了好几次。最后,小李接了电话,小刘说话了,只是告诉小李帮他领工资的事。可是，小李的妻子怎么可信呢？又是在楼下喊，又是打电话，而且打电话还鬼鬼祟祟的，肯定有问题。当天，小李被他妻子罚这罚那的，而且头也被打破了。第二天，小李上班遇到了小刘，赶紧上前去问清楚她为什么要那样做。小刘回答说："李哥，我也没有什么意思，只是和你开个玩笑嘛！"一句话弄得小李哭笑不得。

小李爱和别人开玩笑，本来可以活跃气氛，拉近同事间的感情。但是，他开玩笑不分轻重，违反了"己所不欲，勿施于人"的原则，自己不喜欢开的那种玩笑却拿到同事身上开起来，同事以牙还牙，给了他一个大大的教训。

所以，做人一定要注意"己所不欲，勿施于人"。反求诸己，推己及人，用衡量自己的标准去衡量别人，自己不喜欢的东西千万不要推给别人，只有这样，您才会掌握好处世之道。

第五章
多几分朴实,少几分奢求

　　工作是人生中十分重要的一部分,让这一部分充实快乐,硕果累累,可以提高你的生存高度和人生高度,其途径无他,只有让自己在工作中尽快成熟起来,同样,心态在这里也起着举足轻重的作用。让浮躁的心踏实下来,以朴实的心态付出努力,少计较些得失,收获必然更多。

另起一行，你也可以成为"第一"

明天的希望，让我们忘了今天的痛苦。

——柏拉图

现实生活中，也许你是一个始终与"第一名"无缘的人，眼看着别人表现出色，自己却永远居于人后，心里会不会觉得有些自卑呢？其实你大可不必为此烦恼，一个人成功与否有很多不同的判断标准，只要你愿意换个角度，你也可以位列第一。

恽寿平是清代最著名的画家之一，他早期是画山水的，从见到王石谷之后，自以为山水画不能超过他，于是专攻花卉，成为海内所宗。在更早以前的唐代也有一位以画火闻名的张南本，据说原来是与一画家孙位一起学画山水，也因为自认不能超过孙位而改习画火，终于独得其妙。

艺术家追求完美，难免有傲骨，耻为天下第二名手，不愿落人之后，像前两者真有才能，舍他人既行的道路，自辟蹊径，独创一家固然最好。但如果不能认清自身的能力，只因耻为人后，就放弃学习，自己又找不到适当的方向，到头来则难免什么都落空了。

孟雨是一个魅力四射、才华横溢的年轻人，经常是社团中令人注目的热点，认识孟雨的人几乎都可以感受到他热情的付出。在得知他交了女朋友后，他的一个朋友开玩笑似的问他："那现在我在你心中排第几呀？"他想也不想，便答："第一。"朋友不相信地看着他，问："怎么可能啊，你女朋友应该排在第一位。"孟雨狡黠地一笑，然后说："你当然排第一，只不过是另起一行而已。"

孟雨的话说得多好啊！生活中，在各行各业中，每个人都期望得到第一的位置，其实要拿到第一也容易，就看你愿不愿意换个角度——只要"另起一行"，每个人就都是第一了，而这个世界，自然少了许多莫名的地位纷争，这不是很好吗？

周平生性好强、不甘平庸，但造化弄人，他却偏是一个平淡无奇的小人物，他的理想是成为一个无冕之王——新闻记者，然而大学毕业后他却成了一名高中教师，而且在学校里也并不太受学生欢迎。看着昔日的同窗今日都已登上高位，周平心里别扭极了。贤惠的妻子见他这样子，就劝他说："人比人，气死人！反正现在情况已经是这样了，你又何必偏拿自己的短处去比人家的长处呢？你难道就不能找找你自己的优点吗？"妻子的话点醒了周平，他决定凭着自己流畅的文笔闯出一片天地。周平选择了当地一家颇有影响力的报社，然后便大量向那家报社投稿，丝毫不计较稿费的高低。这家报社开了不少副刊，周平悉心加以研究后，专门为它们量身订做写文章，所以他的作品几乎篇篇都被采用，甚至还创造过这样的奇迹：有一次，他们的副刊总共只有8篇稿子，其中4篇都是周平的"大作"，只是署名不一样。

周平的作品被这家报社的编辑竞相争抢，常常是刚应付完文学版的差事，杂文版的又来了。有时他因学校有事创作速度稍慢一点，那些编辑就会心急火燎地打电话催稿。终于有一天报社的领导坐不住了，他们给周平打电话——只要周平愿意，他现在就可以去报社上班。

周平赢了，我们可以从周平的经历中得到一个很重要的启示：生活的路不只一条，如果你不甘于平庸，你完全可以另起一行，得到你想要的成功。

古今中外，还有很多名人经过重新给自己定位而取得令人瞩目的成就。

阿西莫夫是一个科普作家，同时也是一个自然科学家。一天上午，他坐在打字机前打字的时候，突然意识到："我不能成为一个第一流的科学家，却能够成为一个第一流的科普作家。"于是，他几乎把全部精力放在科普创作上，终于成了当代世界最著名的科普作家。

在生活中，谁都想最大限度地发挥自己的能力。但是，由于种种原因，你无法在自己从事的行业里取得令人满意的成就。还有许多人是在自己并不喜欢甚至厌恶的岗位上，干并非自己所愿意干的工作。在这种情况下，还是不要着急为好。生活其实就如写文章一样，当你发觉笔下的那一句不是自己最满意的言语，甚至是败笔的时候，那你就暂时停笔思考一下，甚至不妨另起一行重新书写，直至精彩的华章涌向笔尖。

解除心灵枷锁

所有的胜利，与征服自己的胜利比起来，都是微不足道。所有的失败，与失去自己的失败比起来，更是微不足道。

——佚名

固执的心态可以直接影响到你的思维方式，它会让你变成"一根筋"。因此，我们一定要突破这个心态瓶颈，才能从容走向成功。

生物学家曾做过一个有趣的实验，他们把鲅鱼和鲦鱼放进同一个玻璃器皿中，然后用玻璃板把它们隔开。开始时，鲮鱼兴奋地朝鲦鱼进攻，渴望能吃到自己最喜欢的美味，可每一次它都碰在了玻璃板上，不仅没捕到鲦鱼，还把自己碰得晕头转向。

碰了十几次壁后，鲮鱼沮丧了。当生物学家轻轻将玻璃板抽去之后，鲮鱼对近在眼前垂手可得的鲦鱼已经视若无睹了。即便那肥美的鲦鱼一次次地擦着它的唇鳃不慌不忙地游过，即便鲦鱼尾巴一次次拂扫了它饥饿而敏捷的身体，碰了壁的鲮鱼却再也没有进攻的欲望和信心了。

为什么？这是每一个人需要思考的问题。思维一旦成为定式，它就会像一个瓶颈一样制约着你的行动。人的心态同样会有"瓶颈效应"，如果放弃你心中固执的一面，你就可以看到比"瓶颈"更宽的地方。

我们现在用的圆珠笔在当初被发明时，发明者用了一根很长的管子来装油，但他发现管子里的油还没有完，笔头就先坏了。他做了很多次的实验，不是换笔头的材料就是换笔头的珠子。结果还是会出现笔头已经坏了油还剩下很多的情况。这个"瓶颈"他一直没有突破，一天朋友去找他，他把问题告诉了朋友。朋友一语道破天机，"既然你没办法解决笔头的问题，不妨试试把笔管剪短一点，这样问题就解决了。"他高兴地说："我为什么一直都没想到呢？"是啊，她固执地认为只有一个方向可以走通，一直坚持下去，结果只会让自己徒劳。突破心理的瓶颈，视野才会开阔。

朋友们都认为，吉米总是缺乏自己做老板的勇气。对他而言，公司的工作更安全，更可以为他的妻子和家庭提供必要的保障。但是后来，经济萧条了，他的工作确实不像原来那样是个永恒的港湾，他不由得惊醒了。

一时间，一种无休止的恐惧闯进他的生活。如果公司开始裁员怎么办？如果他苦心经营了多年的地区市场萎缩了怎么办？随着萧条的加剧，恐惧感不断地膨胀着。无数个夜晚，他无法入睡，彻夜担忧家庭的财政前景。终于，这种坐以待毙的恐惧膨胀得令他再也无法忍受。

其实出路只有一条：采取行动，慢慢建立起自己的企业。下班之后，他开始经营二手医疗设备。应该说，作为一名国际知名医疗设备制造公司的推销员，他所接受过的培训足以使他很快发展起来。

由于不像大贸易公司那样要支出很多管理费用，吉米从一开始就组织了一个有赢利能力的小机构。六个月之内，他创建了区域性公司，辞掉了自己原有的工作。他终于成为自己的财务大臣了。

现在，吉米再也不会有那种依赖每月拿到工资的感觉，他再也不用为他的工作担心，因为他再也没工作了。他现在有自己的公司了！

吉米成功地拥有了自己想要的东西。他再也不用去担心工作的危机给自己造成的心理负担。这是他突破"心态瓶颈"争得的成果。现在，许多失业者都无法突破这个瓶颈，而许多面临失业的人更是在想方设法地保全自己的工作。他们固执地认为，这份工作可以给他们带来安全感，于是死死地抓在手里惟恐丢了就再也找不回来了。他们宁可在一棵树上吊死，也不愿另求他路。这是人性的悲哀。

心的力量可以超越一切困难，可以粉碎障碍，达成期望。但需要你突破瓶颈，不再固执地坚守错误的方向。

别让不良心态成为人生的绊脚石

我们必须作为思索的人而行动，作为行动的人而思索。

——柏格森

很多人之所以养成了犹豫的心态，就是因为他们总在行动之前为自己设置思想障碍，结果就只好在起点犹豫徘徊。

李强是个很有理想的年轻人，但他到了36岁却还没有什么作为。这是因为他有一个坏习惯：在行动之前总是想得太多。三年前他曾经想开一家高档洗衣店，朋友们很支持他的想法，鼓励他赶快行动。但李强的"老毛病"又发作了，他开始犯起了嘀咕：如果客人太挑剔怎么办？我只买得起国产的干洗机，虽然市场调查显示，很多人都有这个消费能力，可万一我真开了，没有客人怎么办？……李强琢磨了好久，朋友急了催他，他嘴里说着，过两天就去选店面，但却迟迟不行动，时间久了，开店计划也就不了了之了。三年中，城里陆续开了很多干洗店，生意都很红火，李强又痛又悔。朋友劝他现在开店也来得及，但李强又开始为自己开店能否有竞争力而烦恼起来。

李强的干洗店，恐怕永远也开不起来，因为他习惯于为了假设性的问题烦恼，还没行动就开始后退了。其实，完全不必为还没开始的任务做假设，也不必为将来做任何预测，只要我们脚踏实地地做好每一件事，就一定能达到心中期望的结果。

有这样一个故事：阿三和阿四是一对好朋友，因为闯了祸，两人只好趁着黑夜，逃离居住的地方。跑了一个晚上后，就在天快亮时，他们决定找个地方休息一下。

阿三气喘吁吁地说："找个地方休息一下吧！我们已经离开城镇很远了，我想他们不会追来了！"

阿四也点头表示："好！"

于是，他们来到一棵大树下休息乘凉。

他们躺在树下，放松了心情，闲聊起来。

阿三忽然想到一个问题，便问阿四："如果我在路上捡到了一笔钱，你觉得我要怎么处理？"

阿四听到阿三的白日梦，精神忽然一振，开心地说："如果捡到一大笔钱，那当然是你一半，我一半啦！"

阿三一听，急着说："你想得美！谁捡到了钱，就是谁的，如果是我捡到的话，凭什么要分一半给你？"

阿四一听，气愤地说："你这个人可真不够义气，我们一起逃亡，一起赶路，你捡到了钱，我也在你身边，我也看见了，你凭什么独吞？你真是个贪财鬼，一点也不够朋友，真是禽兽不如！"

听到阿四这么激动的怒骂，阿三也火了，他生气地吼着："你这是什么话！什么叫禽兽不如？你再说一遍！"

阿四一点也不示弱，他挑衅地说："说就说啊！谁怕你啊！我说，你真是个禽兽不如的家伙！"

阿四一说完，阿三气得挥了一个拳头过来，这一挥拳，两个人就开始这么扭打了起来。这时，有个人走了过来，连忙上前劝阻说："喂，你们别这样，有什么事不能说开呢？别打了，说来听听！"

阿四立即不平地说："我们原本是好朋友，但是这家伙捡到了一笔钱居然不愿分给我，想要自己独吞！"

阿三一听，立即辩驳："是我捡到的，当然是我的啊！我想给谁就给谁，我不想给就不……"

阿三话还没说完，火气甚旺的阿四立刻挥了一拳过来，还怒气冲冲地说："还说不愿意，我就让你尝尝我的大拳头！"

路人看他们打得不可开交，转念一想，开口问："你们先别急，让我帮你们调解。你们捡的钱在哪里？一共多少钱？"

这一问，两个人还真的停止扭打了！因为，他们顿时都呆住了，并异口同声地说："咦？还没捡到啊！"

路人这会儿瞪大了眼，摇了摇头说："捡的钱连个影子都没有，那么你们两个干吗吵成这样？"这下子两个人可呆住了，他们看着彼此的青鼻肿脸，尴尬地苦笑着。

这个故事虽然很可笑，却能发人深省。生活中，我们是否也曾做过这两个愚人所做的事呢？为了一些假设性问题浪费精力。这也是许多人的坏习惯。行动都还没开始，便不断地给自己设置诸多想象出来的障碍，使得计划表上的进度，永远停滞在起点。

想一想，还没捡到钱，就为分钱问题而大打出手，是不是太可笑了？

曾国藩曾说过：只问耕耘，不问收获。但他却收获最大，成为万人效仿的枭雄。他的成功就是由于他能够脚踏实地地做好每一件事，而不去为一些假设性的问题烦恼，更不会让它们绊住自己的双脚。

形成独立的人生观、价值观

我对自己的信心已超越别人对我的评价。

——茱利亚

一个人活在别人的价值观里就会变得虚荣，因为太在意别人的看法就会失去自我。其实每个人都应当为自己而活，追求自我价值的实现以及自我的珍惜。

如果你追求的幸福是处处参照他人的模式，那么你的一生都会悲惨地活在他人的价值观里。

生活中的人常常很在意自己在别人的眼里究竟是一个什么样的形象，因此，为了给他人留下一个比较好的印象，许多人总是事事都要争取做得最好，时时都要显得比别人高明。在这种心理的驱使下，人们往往把自己推上一个永不停歇的、痛苦的人生轨道上。那么，人应该永远活在别人的价值观里吗？

有一天下午，珍妮正在弹钢琴时，七岁的儿子走了进来。他听了一会儿说："妈，你弹得不怎么高明吧？"

不错，是不怎么高明。任何认真学琴的人听到她的演奏都会退避三舍，不过珍妮并不在乎。多年来珍妮一直这样不高明地弹，弹得很高兴。

珍妮也喜欢不高明的歌唱和不高明的绘画。从前还自得其乐于不高明的缝纫，后来做久了终于做得不错。珍妮在这些方面的能力不强，但她不以为耻。因为她不愿意活在别人的价值观里，她认为自己有一两样东西做得不错。

"啊，你开始织毛衣了，"一位朋友对珍妮说，"让我来教你用卷线织法和立体织法来织一件别致的开襟毛衣，织出十二只小鹿在襟前跳跃的图案。我给女儿织过这样一件。毛线是我自己染的。"珍妮心想，我为什么要找这么多麻烦？做这件事只不过是为了使自己感到快乐，并不是要给别人看以取悦别人。直到那时为止，珍妮看着自己正在编织的黄色围巾每星期加长五至六厘米时，还是自得其乐。

从珍妮的经历中不难看出，她生活得很幸福，而这种幸福的获得正在于，她做到了不是为了向他人证明自己是优秀的而有意识地去索取别人的认可。改变自己一向坚持的立场去追求别人的认可并不能获得真正的幸福，这样一条简单的道理并非人人都能在内心接受它，并按照这条道理去生活。因为他们总是认为，那种成功者所享受到的幸福就在于他们得到了这个世界大多数人的认可。

其实，获得幸福的最有效的方式就是不为别人而活，不让别人的价值观影响自己，就是避免去追逐它，就是不向每个人去要求它。通过和你自己紧紧相连，通过把你积极的自我形象当作你的顾问，通过这些，你就能得到更多的认可。

当君得意，勿忘形骸

人生颇富机会和变化。人最得意的时候，有最大的不幸光临。

——亚里士多德

作为一个拥有良好心态的人，他应该始终具有清醒的头脑，在得意时不忘形，在失意时不丧志。

炎炎夏日，蚊虫肆虐，人们对此深恶痛绝。它们虽不易灭绝，但却容易捕杀，原因很简单，它们时常得意忘形，把自己推上死路。

如果仔细观察就会发现，有些蚊子在吸食人畜的血液时，在没有受到惊扰的情况下，它会一个劲地吸起来没完，直到飞不动或勉强飞往一处自认为安全的地方休息，安于享受成功。此时它们吃饱喝足的身体已变得迟钝，完全忽视了危险的存在，而这正是它们接近死亡的时刻，若现在想杀死它，已无须奋力拍打，只需轻轻一按，它们便一命呜呼。

蚊子的死是罪有应得，但它给我们的启示却是深刻的：一个人经历千辛万苦换来成功的甘果时，是手捧观之得意洋洋，还是保持冷静视之为过去，重新设定新的目标，并加倍努力实现之。选择前者，就选择了和蚊子一样的命运；选择后者，成功的甘甜将会始终伴随左右。

是什么原因使人的选择不同呢？是一个人处世的心态。好心态不仅可以指导我们在工作上取得成绩，还能指导我们在各种误解面前站稳脚跟，坚持自己认为对的事情，不因为别人的不理解而改变自己。

由于与生俱来的性格使然，有人外向，有人内向，也因此造成了每个人在外在行为上的差异，这便成为误解的根源。

"同事们都这样。要是我整天捧着书本不和他们闲聊，显得我清高、不合群，多不好啊。"

不久以前，一位刚从学校毕业的职场新人跟他的一个知心朋友说了上述一番话。

的确，谁不希望能够在单位中培养良好的人际关系，和大家融为一体，尤其是刚毕业参加工作的学生，好像不和大家打成一片就没有获得大家的认同，工作起来没有底气。

这种想法也不能说不对，但绝对要具体情况具体分析，万不可一概而论。

就以上述的这位新人为例吧。他毕业于上海某警官大学,学的是道路交通管理,毕业分配去了沿海的一个中小城市。他每天的工作是上街值 2 小时班后休息几个小时,然后再去上岗。工作压力不大,闲暇时间很多。但是他周围的同事们每天值勤回来后就是聊聊天、打打牌,晚上下班后也经常是出去吃吃饭、喝喝酒、跳跳舞。小伙子每次和他们在一起的时候,觉得太浪费时间了,有一种犯罪感。他喜欢读书思考一些问题,并想考研究生接着深造。但就出现了本文开头所提到的问题。他不和同事们一块聊、玩,又怕人家说他假清高、不合群等等。

基于这种情况,他的朋友对他说:从你所讲的来看,你的这些同事可能文化素质不高,又安于现状,没太大的追求,他们也许能够做好目前的本职工作,但再有什么发展和进步的可能性很小。你的这种顾虑完全没有必要,因为如果只有同他们一块虚度光阴才算合群的话,那你必须以牺牲自己的爱好、前途、追求为代价而去合群,必须放弃提高自己思想境界为代价才不会清高,按他们的标准去要求自己。在工作和生活中,这种"就低不就高"的合群、不清高,实际上是媚俗,是完全错误的一种想法。

不合群的现象一般有两种:一种是因为性格孤僻、封闭自我,或是人品道德上低劣而让大家疏远;另一种则是因为某个人优秀出众,或者是追求的目标高于众人之上,不迎合众人的口味或疏于处理人际关系等,从而不被大家理解或受人妒忌。

在生活中两种情况都经常见到,尤其是第二种情况。比如陈景润做一名中学数学老师,肯定是不"合群"的;"文革"时马寅初也跟不上潮流;比尔·盖茨中途从哈佛退学也和大家心目中的"好学生"标准不一致……这些人的共同点是都曾经不被看好,却都取得了骄人的业绩,而且他们从不曾得意忘形。

我们应努力处理好周围的人际关系，但这是为了发展自己的事业，让自己做得更好，而绝不应该是牺牲自己的追求和理想而去随波逐流。要在心态上摆正，只要你优秀出众、超凡脱俗，就很容易会被人认为是清高、不合群，但这也胜于得意忘形后的自我毁灭。

莫做一只"寒号鸟"

明天是世上增值最快的一块土地，因它充满了希望。

——柏拉图

有些人想发财，却总是得过且过，这样的人肯定会有很多局限性而无法超越自我，难有大的突破和进展。实际上，凡是有"得过且过"的心态者，都会给自己找退缩之路。

在古希腊有同村两个人，为了比试高低，就打赌看谁能走的离家更远，于是同时却不同路地骑马出发了。

一个人走了10天后，心想："我还是停下来吧，因为我已经走了很远了。我敢肯定他没有我走得远。"他就停了下来，休息了几天，然后他就回到了家里，继续自己的农耕生活。

另一个人走了10年，却一直没有回来。村里的人都认为这个傻瓜为了一场没有必要的打赌而丢掉了性命。

有一天，一队浩浩荡荡的大军向村里开来，村民不知道发生了什么事。当队伍临近时，突然有个人惊喜地叫道："那不是威克逊吗？"只见消失了10年的威克逊已经成了这队大军的统帅。

威克逊下马后，向村民打听说："杰瑞呢？我真的要感谢他，因为那个打赌，才使我有了今天。"

杰瑞羞愧地说："祝贺你，朋友！可我至今还是个农夫。"

这个故事说明暂时消极心态只能让人次人一等。生活中还有多少人都是这样次人一等啊！

一个有生气、有计划、能克服消极心态的人，一定会不辞任何劳苦，聚精会神地向前迈进，他们是从来不会想到"将就过"那样的话的。

有许多颓废的人，常常对人说："得过且过，过一把瘾吧！""只要不是饿肚子就行了""只要不被炒鱿鱼就够了"。这种人其实就是在承认自己没有生机。他们简直已经脱离了世人的生活，至于让他"克服消极心态"，那更是不可能了。

打起精神来！它即使未必能够让我们立即就有所收获，或者马上就得到物质上的安慰，但它却能够充实我们的生活，使我们获得无限的乐趣。

那些克服消极心态而成就的大事，绝非那些只想"填饱肚子"以及那些"得过且过"的人所能完成的，只有那些意志坚决、不辞辛劳的人才能完成这些事业。

试想，一个画家正想完成一幅名作，如果他一拿起笔来，就心不在焉，有气无力地东涂一笔，西抹一下，请问这样的人会成功吗？

音乐家奥里·布尔和他的提琴的故事，就是一个很好的例子。这位名震全球的音乐家一演奏起他的曲目，听众们就会惊叹不已。可是他们不知道他所下的苦功。当他还只有7岁的时候，常常会深夜起床，拿出那把红色小提琴，奏起自己日思夜想的曲目。直到他长大后，这把小提琴从来也没有离开过他。现在他所演奏的歌曲，真不知倾倒了多少听众。可是当初他在练习的时候，也曾经有过消极的心态呢！

那么，布尔是如何克服这种消极心态的呢？他小的时候，身体一直不好，贫穷和疾病总是紧紧地压迫着他，父亲对他学小提琴也持反对意见。正是由于他的热诚和专心，才让他冲破一切阻碍，闻名世界。

我们随时都会碰到这样的人：他们似乎专门在等待人家去强迫自己工作。他们对自己所拥有的广博才识和能力，一无所知。他们一点也没有估计过自己的身体里究竟蕴藏着多少才智和力量。当遇到事情的时候，他们只会拿出一小部分力量来敷衍，他们似乎情愿永远守在空谷，也不肯攀登山巅；他们更不有愿意张开双眼，来把广大而宏伟的宇宙看个一清二楚。

在那些偷闲苟安的人的眼里，世界上一切好的位置，一切有出息的事业都已宣告客满。是的，这种懒惰成性的人，随便走到哪里，都不会有他们的立足之地。社会上各处急切需要的都是那些肯领头的、敢于奋斗、有主见的人。一个随处可以立足的人，应该有思想、能判断、善创新、刻苦耐劳。而那些专门埋怨自己、埋怨没有机会、或者命运不济的人，他们一辈子也不会成功。

那些心存危机的人常会这样想：我不能这样得过且过，我要争取过上好的日子。我要赚更多的钱，我要穿上好的衣服，吃上好的食物。而那些不求进取的人就不会这样想了，他只想：我能不饿肚子就行了，所以他才会得过且过，混一天日子，撞一天钟！

任小萍是我国著名的外交使馆的翻译。她说："在我的职业生涯中，几乎每一步都是组织上安排的，自己并没有什么主动权。即使这样，我也有自己的选择，那就是要比别人做得更好。"

1968年，任小萍有幸成为了北京外国语学院的一名工农兵学员。当时，在她所在的班级，她的年龄最大，成绩也最差。第一堂课她就因为没有回答上老师的问题而被罚站了。第二天，班级就挂出了一条横幅："不让一个阶级兄弟掉队"，她就是那个掉队的阶级兄弟。但等到她毕业的时候，成绩已经是全年级最好的了。

任小萍大学毕业后被分到英国大使馆做了一名接线员。很多人都觉得做接线员是个很没有出息的工作，但任小萍却把这个普通的工作做出了采。她将所有使馆人员的名字、电话以及工作范围都背得烂熟于心，每个打进来的电话，她都能很快、很准确地找到人。时间一长，使馆人员有事外出，都不告诉自己的翻译，而是给任小萍打电话，告诉她会有谁来电话。任小萍因此被使馆的人称为留言板、大秘书。

一天，英国大使竟然跑到电话间，笑眯眯地表扬了任小萍。这是破天荒的事情，结果没过多久，任小萍就因工作出色而被破格调去给英国某大报社当了翻译。该报的首席记者是个脾气很大的老头，曾经得过战地勋章，还被授予过勋爵。这个老头本事大，脾气更大。前任翻译就是给他骂跑了。刚开始时，他也不要任小萍，看不上她的资历，后来才勉强同意让任小萍试一试。一年后，老头逢人就说："我的翻译比你的好上十倍。"不久，任小萍就因工作出色，又被破例调到美国驻华联络处，她也同样干得很出色，获得了外交部的嘉奖……

一个人在无法选择工作时，至少他永远有一样可以选择：就是无论什么工作都要好好干。在同一种工作岗位上，有的人勤恳敬业，付出很多，收获颇丰，而有的人却整天想调好工作，而不做好眼前的事。其实，这样的选择就决定了将来的被选择。

一个有生气、有计划、有远大目标的人，一定会不辞辛苦，聚精会神地向前迈进。他们从来不会想到"得过且过"这样的话。他们的生活永远都是崭新的，每天都在有计划地进步，他们只知向前跨，不管自己是走了一寸还是一尺，最重要的是不断取得进步。如果你不想总过穷日子，那就不要有"得过且过"的想法。

投机之辈难成大器

投机取巧、专想寻觅做学问的捷径者,最终只能走进令人失望的死胡同。

——佚名

成功路何止千万条,一定有一条又快又平坦的路。投机取巧怎么了?能达到目的就算本事,傻子才舍近求远呢!

我们当中总不乏有些人在做事前先要费尽心思地盘算能不能偷工减料,能不能找到解决问题的小窍门、小技巧,甚至不惜损害他人的利益来达到自己的目的。这些人总以为自己很聪明,可事实证明,越是自作聪明的人,越"聪明反被聪明误"。

人若有些小聪明是好事,但是我们不应当将所有的希望,将事物的成败都寄予我们的"小聪明"上,更多的时候,我们需要的是脚踏实地地去做,去努力,而不是依靠投机取巧。

世界上最伟大的哲学家之一柏拉图正和他的学生走在马路上。这名学生是柏拉图的得意弟子之一。他很聪明,总是能在很短的时间之内领会老师的意思;他很有潜力,总是能提出一些具有独特视角的问题;他也很有理想,一直希望自己能够成为像老师一样伟大,甚至比老师还要博学的哲学家。所以他常常自视聪慧,不愿意在学识上多下工夫,自认为聪明能敌过他人的努力。

但是柏拉图认为他还需要生活的历练,还需要更加刻苦。柏拉图曾经语重心长地对这名学生说过一句话:"人的生活必须要有伟大理想的指引,但是仅有伟大的理想而不愿意脚踏实地,一步一个脚印地朝着理想奋进,那也就不能称为完美的生活。"

这名学生知道老师是在教导自己要脚踏实地,但他认为自己比别人聪明,总能用一些技巧轻易地解决问题,自己的理想也比别人的更加伟大,所以只要自己想做的,总能轻易地取得成功。

柏拉图也相信这名学生能够做出一番大事业,但是他却只看到大目标而不顾脚下道路的坎坷以及自身的缺点。柏拉图一直想找一个合适的机会让学生自己意识到他的这一缺点。一天,柏拉图看到他们前面的不远处有一个很大的土坑,这个土坑周围还有一些杂草,平常人们只要稍加注意就可以绕过这个土坑,但柏拉图知道他的学生在赶路时经常不注意脚下。于是,他指着远处的一个路标对学生说,"这就是我们今天行走的目标,我们两个人今天进行一次行走比赛如何?"学生欣然答应,然后他们就开始出发了。

学生正值青春年少,他步履轻盈,很快就走到了老师的前面,柏拉图则在后面不紧不慢地跟着。柏拉图看到,学生已经离那个土坑近在咫尺了,他提醒学生"注意脚下的路",而学生却笑嘻嘻地说:"老师,我想您应该提高您的速度了,您难道没看到我比您更接近那个目标了吗?"

他的话音刚落,柏拉图就听到了"啊!"的一声叫喊——学生已经掉进了土坑里,这个土坑虽然没有让人受重伤的危险,但是它却足以使掉下去的人无法独自上来。

学生现在只能在土坑里等着老师过来帮他了,柏拉图走过来了,他并没有急着去拉学生,而是意味深长地说:"你现在还能看到前面的路标吗?根据你的判断,你说现在我们谁能更快地到达目的地呢?"

聪明的学生已经完全领会了老师的意思,他满脸羞愧地说:"我只顾着远处的目标，却没走好脚下的每一步路，看来还是不如老师呀！"

一个人拥有智慧的头脑是值得骄傲的，但是聪明并不代表着一切，聪明是天赋，是先天的优势，但是成功却等于1%的天赋加上99%的汗水。倘若你比他人有天赋，那说明你比他人离成功更近，你有更多的资本走上成功的捷径。但并不代表着成功，如果仅仅想要依靠聪明天赋来成就一番事业，而不愿意脚踏实地、勤奋努力地做事，那即使有再高的天赋也是无用的，因为成功还必须有付出和努力。

聪明也并不代表智慧。很多人在不同的方面都有些小聪明，但真正有大智慧的人却寥寥无几。

莎士比亚提醒我们，千万不要自作聪明，变成"一条最容易上钩的游鱼"，"用自己全副的本领"来"证明自己的愚笨"。正如同上面故事中的主人公一样，自视聪明，不遵守应有的规则制度，认为自己的方法比别人便利，节省了更多时间，结果却是小聪明把自己送上了绝路。

因为真实的情况是，一个人如果把心思过多地用在小聪明上，他必定没有精力去开发和培植他的大智慧。聪明和智慧是两个不同的概念，智慧有益无害，聪明益害参半，把握得不好的小聪明则贻害无穷。

拥有太多小聪明的人，往往都用于追逐眼皮底下的急功近利，看不到长远的根本利益。相反的，具有大智慧者很少会在众人面前炫耀自己的聪明才智，他们更不会自作聪明地干一些实际上愚蠢至极的事情。真正的聪明者不需要通过投机取巧来加以表现，自作聪明者常常反被自以为是的小聪明所累。

从前有个小男孩，非常聪明，但在长久的夸奖声中，他渐渐地开始偷懒，想靠投机取巧来获得成功。

这天，小男孩有幸和上帝进行了对话。

小男孩问上帝："一万年对你来说有多长？"

上帝回答说："像一分钟。"

小男孩又问上帝:"一百万元对你来说有多少?"

上帝回答说:"相当一元。"

小男孩对上帝说:"你能给我一元钱吗?"

上帝回答说:"当然可以。请你稍候一分钟。"

一位哲人说过:"投机取巧会导致盲目行事,脚踏实地则更容易成就未来。"

我们的成功需要智慧,更需要脚踏实地地付出。人要站得牢才会走得稳,投机取巧走捷径或许在一时能得到好处,但是因为没有厚实的基础,脚步太过于轻快,导致的结果只会是在长途跋涉中落后于别人。作为一个渴望获得成功的人来说,我们的眼光永远望向前方,但是前进的道路却在我们脚下,只有实实在在地走好每一步,才能走得更远。

世界上绝顶聪明的人很少,绝对愚笨的人也不多,一般都具有普通的能力与智商。但是,为什么许多人都无法取得成功呢?

一个最重要的原因在于他们习惯于投机取巧,用小聪明来替代所必须要付出的心血,不愿意付出与成功相应的努力。人们都懂得"宝剑锋从磨砺出,梅花香自苦寒来"的道理。可是一旦摊上自己做事,马上就又回复到"投机取巧"的"捷径"上来了。

投机取巧会使人堕落,无所事事会令人退化,只有勤奋踏实地工作才是最高尚的,才能给人带来真正的幸福和乐趣。成功者的秘诀就在于他们能够摒弃"投机取巧"的坏习惯,无视那些小聪明,用自己的努力开创属于自己的辉煌。

"机关算尽太聪明,反误了卿卿性命。"聪明是好事,但要用在适当的地方,才能显示出其真正的价值,想投机取巧、不劳而获,聪明只能把你带入失败的深渊。

走过的路，要留下脚印

生命是一条美丽而曲折的幽径，路旁有妍丽的蝴蝶，累累的美果，但我们很少去停留观赏，或咀嚼它，只一心一意地渴望赶到我们幻想中更加美丽的豁然开朗的大道。然而在前进的程途中，却逐渐树影凄凉，花蝶匿迹，果实无存，最后终于发觉到达一个荒漠。

——萨拉

最好明天就挣够100万，买房子、买汽车……什么？我不够踏实！你可以不理解我，但为什么要诬蔑我？

即使自身具备再优越的条件，一次也只能脚踏实地地迈一步。这是十分简单的道理，然而，很多初入社会的年轻人，在步入社会后，却把这么简单的道理忘记了。他们总想一步登天，恨不得第二天一觉醒来，摇身一变成为比尔·盖茨一样的成功人物。他们对小的成功看不上眼，要他们从基层做起，他们会觉得很丢面子，他们认为凭自己的条件做那些工作简直是大材小用。他们有远大的理想，但又缺乏踏实的精神，最终只能四处碰壁。

任何一个人的成功都不是靠空想得来的，只有踏踏实实一步一个脚印地去尝试、去体验，才能最终取得成功。不管你拥有过怎样知名学府的毕业证书，也不管你获得过怎样高的奖励，你都不可能在踏出校门的第一天就获得百万年薪，更不可能开上公司所配的"宝马"跑车，这些都需要你踏踏实实地去干，去争取。如果你不能改掉眼高手低的坏毛病，那么，不但初入社会就遭遇挫折，以后的人生旅程都将布满荆棘。

20世纪70年代，麦当劳公司看好了中国台湾市场，决定在当地培训一批高级管理人员。他们最先选中了一位年轻的企业家。但是，商谈了几次，都没有定下来。最后一次，总裁要求那个企业家带上他的夫人来。当总裁问道："如果要你先去打扫厕所，你会怎么想？"那个企业家立即沉思不语，脸上还现出了尴尬的神情。他在想：要我一个小有名气的企业家打扫厕所，大材小用了吧？这时他的夫人却说道："没关系，我们家的厕所向来都是他打扫的！"就这样，那个企业家才通过了面试。

让那个企业家没有想到的是，第二天一上班，总裁就先让他去打扫了厕所。后来他晋升为高级管理人员，看了公司的规章制度后才知道，麦当劳公司训练员工的第一课就是先从打扫厕所开始的，就连总裁也不例外。

创维集团人力资源总监王大松曾经说："年轻人只有沉下心来才能成就大事。无论你多么优秀，到了一个新的领域或新的企业，刚出校门就只想搞策划、搞管理，可是你对新的企业了解多少？对基层的员工了解多少？没有哪个企业敢把重要的位置让刚刚走出校门的人来掌管，那样做无论对企业还是对毕业生本人都是很危险的事情。"

所以，要想获得事业的成功，就先去掉身上的浮躁之气，培养起务实的精神，扎扎实实打好基础，基础打好了，你事业的大厦才可能拔地而起。

戒掉浮躁之气并不困难，只需把自己看得笨拙一些。这样你就很容易放下什么都懂的假面具，有勇气袒露自己的无知，毫不忸怩地表示自己的疑惑，不再自命不凡，自高自大，培养起健康的心态。这有利于更快更好地掌握处理业务的技巧，提高自己的能力，还能给上司和同事留下勤学好问、严谨认真的好印象。

拥有笨拙精神的人，可以很容易地控制自己心中的激情，避免设定高不可攀、不切实际的目标，不会凭着侥幸去瞎碰，也不会为了潇洒而放纵，而是认认真真地走好每一步，踏踏实实地用好每一分钟，甘于从不起眼的小事做起，并能时时看到自己的差距。

认真扎实地去做基础工作，是培养务实精神的关键。越是那些别人不屑去做的工作，你越要做好。工作能力是有层级的，只有从基础做起，处理好小事，才能打好根基，培养起处理大事的能力。

你还要保持一颗平常心，坦然地去面对一切。如果小有成就，也不需太得意，如果遇到挫折，也不要消极失望。"不以物喜，不以己悲"的心态，会使你更加关注自己的工作，并集中精力做好它。

此外，还要切忌急于求成。事业的成功需要一个水到渠成的过程，急于求成可能导致功败垂成。

人的成长是需要一个过程的，这个过程不是任何文凭、学位可以缩短或替代的，否则就会出现断层，就会成为空中楼阁。"没有人能随随便便成功"，这是一句歌词，也是一条真理。"随便"是指空想、浮躁，只有去掉这些，发扬务实的精神，万丈高楼才能拔地而起。初入社会是一个人的品质和生涯定格的时期，如果你能在这个时期树立起务实的精神，扎扎实实地练就基本功，那么还有什么能阻碍你成功呢？

不管你从事哪一行哪一业，成功都自有其既定的路径和程序，一步一步地来，成功自然会在不远的地方等着你，想一步登天，成功就会跑得比你更快，你永远都追不上。

第六章
卸载不良心态,下载最佳状态

在工作、交际、婚姻、生活中始终保持良好的状态是一件多么美好的事情,因为你总是那么适当地应对矛盾,那么高效地处理问题,那么快乐地享受生活。要做到这一点也并没有你想象的那么难:看看自己有哪些不良的心态,然后改变它。

自卑，不会有人可怜你

能看到每件事情的好的一面，并养成一种习惯，还真是千金不换的珍宝。

——约翰逊

自卑的心态就像一条啃啮心灵的毒蛇，不仅吸取心灵的新鲜血液，让人失去生存的勇气，还在其中注入厌世和绝望的毒液，最后让健康的肌体死于非命。

攀登在人生的崎岖小路上，自卑这条毒蛇随时都会悄然出现，特别是当人劳累、困乏、困惑的时候，更要加倍警惕。德国哲学家黑格尔说："自卑往往伴随着懈怠"，它是你前进道路上的绊脚石，可以使一个人的活动积极性与能力大大降低。虽然偶尔短时间地滑入自卑状态是正常现象，但长期处于自卑之中就是一场灾难了。自卑的根源是过分否定和低估自己，过分重视别人的意见，并将别人看得过于高大而把自己看得过于卑微。

只有控制住自卑心态，人们才会敢于积极进取，成为一个有主动创造精神的人，才能开拓事业的新局面，也才会有积极的人生态度，才会活得开朗、开心，才会勇于承担责任，成为一个有责任心的人。而任何一个在事业上有所作为的人，都是有责任心的人。只有扔掉自卑，才会在平时积极思考，才会产生奇迹；才会积极跨越各种障碍，成为一个不怕困难的人；才会积极主动地去结交新朋友，改善和旧朋友的关系，才会取得成功。

自卑心理所造成的最大问题是不论你有多成功，或是不论你有多能干，你总是想证明自己是不是真的如此多才多艺。换句话说，许多人都倾向于为自己设定一个形象，而不肯承认真正的自我是什么。因为他们的想法总是倾向于自我认定。举个例子来说，如果你一直担心自己瘦不下来，每次在量腰围时你就会嘀咕一下，而完全忘了你的身体正处在最佳的健康状态。

你总是把自己认为的劣势时时刻刻放在脑子里，提醒着自己的不足，并把这些不足和他人的优势相比较。因而，越比越觉得己不如人，越比越觉得无地自容，从而忽略了自己的优势，打击了自信心。事实上，"金无足赤，人无完人"。在你的眼里比较优越的人并不一定占优势。相反，在别人的眼里可能你比他更优秀。

所以，有时你需要一点阿Q精神。况且你也该知道自卑往往会让你更消极，更萎靡，长期下去会形成自我压抑。

如果让自卑控制了你，那么你在自我形象的评价上会毫不怜悯地贬损自己，不敢伸张自己的欲望，不敢在别人面前申诉自己的观点，不敢向别人表白自己的爱情，行为上不敢挥洒自己，总是显得拘谨畏缩。另一方面，对外界、对他人，尤其是对陌生环境与生人，心存一种畏惧。出于一种本能的自我保护，便会与自己畏惧的东西隔离和疏远，这样便将自己囚禁在一个孤独的城堡之中了。如果说别的消极情绪可以使一个人在前进路上暂时偏离目标或减缓成功速度，那么一个长期处于自卑状态的人根本就不可能有成功的希望，甚至已有的成绩也不能唤起他们的喜悦、兴奋和信心，只是一味地沉浸在自己失败的体验里不能自拔，对什么都不感兴趣，对什么都没有信心，不愿走入人群，拒绝别人接近，整个与丰富多彩的生活隔绝，与人群疏远，自囚于孤独的城堡中。

有自卑情结的人可能会很胆小，由于要避免可能使他感到难堪的一切，他就什么也不做；由于害怕别人认为自己无知，就忍住不去征求别人的意见；由于担心受到拒绝，就不敢去找个好工作。由于压抑，自卑的人会变得更加敏感。日益敏感，再加上日益怯懦，精神状态就日益低落。一个有自卑情结的人不能长时间把精力集中在任何事物上，只能集中在他本人身上，因而常常不能实现自己的愿望。

严重的自卑和自我压抑会导致自杀。这种惨痛的结局在年轻人中极其常见。

有一年，长沙某学院的一名男生卧轨自杀。他来自边远山区一个贫寒之家，父母含辛茹苦将他拉扯大，他却走向了自我毁灭之路，留给亲人无限的悲痛，后来根据对其他同学的调查和他的日记发现，他的自杀只是源于自卑。因为他的身高不足一米六，虽然他身体健康，但只是出于审美习惯的缘故，他觉得自己在别人的眼里是个二等残废，是社会的弃儿，活着已经没有什么意思了。

依正常人看来，这根本就算不了什么，如果这也可以成为自杀的理由，那么这个世界上该有多少人走向毁灭，这种对生命极不负责的行为源于自卑。

长期被自卑情绪笼罩的人，会导致心理活动失去平衡，引起生理变化，对心血管系统和消化系统产生不良影响。生理上的变化反过来又会影响心理变化，加重自卑心理。

长期这样恶性循环下去，必将毁了你。因此，认识自己，摆脱自卑更有利于你的成长。

不怕钱少，就怕心穷

人乃是为内心所形成的各样感受而活。

——托马斯·布朗

生活中，很多人常为了自己的贫穷而自卑，没有漂亮的衣服，没有气派的房子……其实物质上的贫穷是次要的，如果你的心灵贫穷，你才真该为自己感到自卑。

人类有一样东西，是不能选择的，那就是每个人的出身。

有人生为王子，天地至尊，可有人天生乞丐，贱如草芥；有人天生富贵，家财万贯，有人一贫如洗，家徒四壁。

然而，真正的贫穷并不取决于物质的多寡，而在于心灵，心灵上的贫穷者才是真正的贫穷者。

"我出生在贫困的家庭里，"美国副总统亨利·威尔逊这样说道，"当我还在摇篮里牙牙学语时，贫穷就露出了它狰狞的面孔。我深深体会到，当我向母亲要一片面包而她手中什么也没有时是什么滋味。我承认我家确实穷，但我不甘心。我一定要改变这种情况，我不会像父母那样生活，这个念头无时无刻不缠绕在我心头。可以说，我一生所有的成就都要归结于我这颗不甘贫穷的心。我要到外面的世界去。在10岁那年我离开了家。当了11年的学徒工，每年可以接受一个月的学校教育。最后，在11年的艰辛工作之后，我得到了一头牛和6只绵羊作为报酬。我把它们换成几美元。从出生到21岁那年为止，我从来没有在娱乐上花过一美元，每美分都是经过精心计算的。我完全知道拖着疲惫的脚步在漫无尽头的盘山路上行走是什么样的痛苦感觉，我不得不请求我的同伴们丢下我先走……在我21岁生日之后的第一个月，我带着一队人马进入了人迹罕至的大森林里，去采伐那里的大圆木。每天，我都是在天际的第一抹曙光出现之前起床，然后就一直辛勤地工作到天黑后星星探出头来为止。在一个月夜以继日的辛劳努力之后，我获得了6美元作为报酬，当时在我看来这可真是一个大数目啊！每一张美元在我眼里都跟今天晚上那又大又圆、银光四溢的月亮一样。"

在这样的穷途困境中，威尔逊先生下定决心，一定要改变境况，决不接受贫穷。一切都在变，只有他那颗渴望改变贫穷的心没变。他不让任何一个发展自我、提升自我的机会溜走。很少有人能像他一样理解闲暇时光的价值。他像对待黄金一样紧紧地抓住零星的时间，不让一分一秒无所作为地从指缝间溜走。

在他21岁之前，他已经设法读了1000本好书，这对一个农场里的孩子来说是多么艰巨的任务啊！在离开农场之后，他徒步到100里之外的马萨诸塞州的内笛克去学习皮匠手艺。他风尘仆仆地经过了波士顿，在那里可以看见邦克、希尔纪念碑和其他历史名胜。整个旅行只花了他一美元六美分。一年之后，他已经在内笛克的一个辩论俱乐部脱颖而出，成为其中的佼佼者了。后来，他在马萨诸塞州的议会发表了著名的反奴隶制度的演说，此时距他到这里还不到8年。12年之后，他与著名的社会活动家查尔斯·萨姆纳平起平坐，进入了国会。后来，威尔逊又竞选副总统，梦想终于如愿以偿。

威尔逊生于贫困，然而他又是富有的。他唯一的、最大的财富就是他那颗不甘贫穷的心，是这颗心把他推上了议员和副总统的显赫位置。在这颗不竭心灵的照耀下，他一步步地登上了成功之巅。

出生于广东潮州的李嘉诚在幼时就尝尽了人间苦难，父亲逝世时，家庭贫困不堪，父亲没有给他留下财富，反而在全家最需要他的时候离开了。当时的李嘉诚才14岁。14岁对于常人正是享受父母的呵护、疼爱的年纪。李嘉诚却不得不面对生活摆在他面前的一切苦难：家境的贫穷、母亲的羸弱、社会的动荡和世态炎凉，为完成父亲临终时的遗愿，他谢绝舅舅继续供他读书的好意，开始了自己的求生之路。多年的经营造就了一代富豪，李嘉诚的富有得益于父亲的遗训，舅父的指导，更重要的是他没有被穷困吓倒，没有让贫困占据了自己的心灵。

对于整个人类来说，贫穷只是一种状态，它永远不可能成为一种结果。因为人类决不会永远安守贫穷，总是同它作不屈不挠的斗争，所以贫穷对整个人类来说，它只是一个动态的、不断被改变着的过程。但具体到某一个人的身上，则可能是一种结果。对于个人来说，有可能安心地生活在贫穷之中，不思进取，屈辱地度过一生，也有可能奋起直追，获取财富。

无论你面对的是什么事实，心灵的贫穷都极其可怕。也只有心灵的贫穷才是真正的贫穷。

幸福不接纳逃兵

人若能摒弃虚伪则会获得极大的心灵平静。

——马克·吐温

逃避是懦弱的表现，并且不可能解决问题，反而会让事情越来越糟。因此，必须学会直面现实，勇敢地解决出现的问题。

A君是某公司经理，一次，他的一个助手出了一个纰漏，给公司造成了损失，六神无主的助手找到A君，表示要辞职。这时，A君给他讲了一个藏在心里已久的秘密："8年前，我受雇于一家建筑公司当业务员，由于我的勤劳能干，大量欠款源源不断地收回，公司颓败的景象颇有改观。老板也很赏识我，几次邀我到他家吃饭。就在这时，他唯一的女儿悄悄地爱上了我，常常送一些精美的小玩意儿给我。我起初不敢接受，后来碍于情面只得收下。就这样过了两年，当有一天我告诉她我不能再给予她太多时，她一气之下寻了短见。

"她的三个哥哥咆哮不止，扬言非要我偿命不可。那时我手里已有了为数不少的积蓄，很多人劝我一走了之。我没有这样做，心里只有一个念头：事因既然在我，我必须回去面对这一切，是死是活——无关紧要。

"当我走进她的家门，一群人向我扑来，可她的父亲——我的老板向其他人摆了摆手，走上来紧握着我的手，良久才缓缓地说了这么一句话：'一个女人愿意为你献身，说明你是一个不同凡响的人；你敢来面对这一切，说明你是一个有血有肉的人。'"

A君的话给了他的助手很大触动，他决定留下来，接受董事会的裁决。结果，董事会认为他敢于面对问题，只是扣了他两个月奖金。

故事中A君明知老板家等着他的是一场暴风雨，却没有因此一走了之，而是勇敢地去面对，这种精神值得我们每个人学习。生活中，当发生一些困难的事或令人痛苦的事时，很多人都习惯于逃避，然而事实就是事实，已经发生的不可能再改变。逃避、不敢面对其实就是在自我欺骗，这样只会使人变得更痛苦。而且一旦逃避成了习惯，人就会变得消沉，不再进取，到头来一事无成。

已故的布斯·塔金顿总是说："人生加之于我的任何事情，我都能面对，除了一样，就是瞎眼。那是我永远也无法忍受的。"

但是这种不幸偏偏降临了，在他六十多岁的时候，他发现自己看东西时，色彩是模糊的。他去找了一个眼科专家，证实了不幸的事实：他的视力在减退，有一只眼睛几乎全瞎了，另一只好不了多少。他最怕的事情，终于发生了。

塔金顿对这种"无法忍受"的灾难有什么反应呢?他是不是觉得"这下完了,我这一辈子到这里就完了"呢?没有,他自己也没有想到他还能非常开心,甚至于还能运用他的幽默。以前,浮动的黑影令他很难过,它们时时在他眼前游过,遮挡他的视线,可是现在,当那些最大的黑影从他眼前晃过的时候,他却会说:"嘿,黑影来了,不知道今天这么好的天气,它要到哪里去。"

当塔金顿完全失明之后,他说:"我发现自己是个能承受视力减弱的人,就像一个人能承受别的事情一样。要是我五种感官全丧失了,我知道我还能够继续生存在我的思想里,因为我们只有在思想里才能够看,只有在思想里才能够生活,无论我们是否知道这一点。"

塔金顿为了恢复视力,在1年之内接受了12次手术,为他动手术的是当地的眼科医生。他没有害怕,他知道这都是必要的,他知道他没有办法逃避,所以唯一能减轻他痛苦的办法,就是爽爽快快地去接受它。他拒绝在医院里用私人病房,而住进大病房里,和其他的病人在一起,他试着去使大家开心,而在他必须接受好几次手术时——而且他很清楚地知道在他眼睛里动了些什么手术——他总是尽力让自己去想他是多么的幸运。"多么好啊,"他说,"现在科学的发展已经到了这种地步,能够为像人的眼睛这么纤细的东西动手术了。"

一般人如果经历12次以上的手术和不见天日的生活,恐怕都会发疯发狂了。可是塔金顿说:"我可不愿意把这次经历拿去换一些更开心的事情。"这件事教会他面对不如意的事,就像他所说的:"瞎眼并不令人难过,难过的是你不能面对这个事实。"

我们在一生中,也常常遇到失败,失败就是这样,你逃避它,它就拼命地追逐你,你面对它,它就会停步。所以说,失败并不可怕,不敢面对它才更可怕。

日本大企业家松下幸之助对此理念阐述得最透彻,他说:"跌倒了就要站起来,而且更要往前走。跌倒了站起来只是半个人,站起来后再往前走才是完整的人。"

日本三洋电机公司顾问石藤清一,曾在松下电器公司担任厂长,当时松下幸之助就给他最好的教育机会。有一次,日本遭逢有史以来最狂暴的台风,虽无人员伤亡,但工厂却接近全毁。石藤心想:好不容易迁到新厂,正想全力生产、大干特干时,却遭此打击,老板心理上一定很沮丧吧!

松下是在台风即将停止之前赶到工厂的,此时不巧松下夫人亦身体不适而住院,他是探病后再赶来的。

"老板,不好了,工厂遭逢巨变,损失惨重,我来当向导,请巡视工厂一趟吧!"

"不必了,不要紧,不要紧。"

"……"(彼此无语)

老板手中握着纸扇,仔细地端详它,横看、纵看,神情异常地冷静。

"不要紧,不要紧。失败没什么了不起的,跌倒就应爬起来。婴儿若不跌倒就永远学不会走路。孩子也是,跌倒了就应立即站起来,嚎哭是没有用的,不是吗?"

松下说完掉头就走,对工厂的灾难毫无惊恐失色之态,就快速离去。

胜败乃兵家常事,重要的是要敢于面对失败,重整旗鼓,开辟人生另一个战场。

逃避现实世界不快的人,永远也无法获得成功。生命中总有这样或那样的挫折,只有勇敢面对,才能真正地享受生活。

懒惰等于将一个人活埋

懒惰等于将一个人活埋。

——泰勒

为自己的懒惰找借口是一件非常可悲的事，这是一个人不能对自己负责的表现。为了赶走懒惰的心态，你就必须对借口开刀。

一个小姑娘对自己的妈妈说："妈，我什么都懂，就是不想去做。"

其实，每个人都懂得许多做人处事的道理，但真正做起来却很难，就像一个小学生明明知道以后学习不好就考不上大学，找不到好工作就一辈子都会受累却不想好好学习，上课的时候别人听课他逃课，别人上学他逃学。什么原因？"懒！"成年人也会为自己的"懒"找借口，以至于小孩子都学会了赖床迟到时对老师说："报告老师，昨天晚上我们家有客人，所以我睡晚了……"

孩子的借口可以原谅，因为他们毕竟还小，没有自控力，但成人的借口却不容宽恕。因为，成人不仅要对自己负责，同时还必须对自己的家人负责。懒惰是没有借口可以推托的。

既然你来到了这个世界，就应该将自己完全融入到这个世界中来，才不枉此生，要知道人生其实很短暂，活了一辈子的人回想自己的过去都像是做了一场梦。珍惜你的青春年华，不要为自己的懒惰找借口。

树枯了，有再青的时候；叶子黄了，有再绿的时候；花谢了，有再开的时候；鸟儿飞走了，有再飞回来的时候；而生命消失了，却没有再复活的时候。时间一点一滴的流逝，永不停止；它一步一程，永不回头。它对每个人又都是平等的，不会因为你是勤劳者而多给，也不会因为你是懒惰者而少给。所以你就更应该珍惜时间，勤于劳作，而不要把宝贵的时间浪费在借口上。

　　一个懒惰的人，其实就是一个无志者，他们习惯于为自己找各种各样的理由，得过且过。而一个勤劳的人永远都不会犯这样的错误。

　　伟大的发明家爱迪生，平均三天就有一项发明，这是他争分夺秒、辛勤工作的结果。我国伟大的思想家和文学家鲁迅也非常珍惜时间，尽量把时间都花在工作上。他有一句至理名言："时间就是生命，无端地空耗别人的时间，其实无异于谋财害命。"鲁迅惜时如命，他把别人喝咖啡、聊天的时间都用在工作和学习上。正是因为有了这种惜时如命辛勤敬业的精神，鲁迅在他56年的生命旅途中，广泛涉猎了从自然到社会科学的许多领域，一生著译一千多万字，留给后人一份宝贵的文化遗产。

　　可能有人认为人生漫长，偷点懒没什么，但去做事的话，在一分钟之内，小学生可以写20个生字、朗读200多字的短文、口算20道试题；打字员用电脑可打字80多个，运动员能跑250米；消防员可以紧急集合，跳上消防车；核潜艇可以在水下航行600米，火箭可航行450多公里，喷气式客机能飞行18公里……光阴似箭，日月如梭，人的生命是有限的，辛勤工作的人尚且觉得时间太少，偷懒耍滑的人又能做出什么成绩？一个没有成就的人想让别人尊敬你，认同你，有什么理由？

　　所以当你疏懒的时候，你要想起林中的树木，哪些树才能长久于林？

　　那些又小又曲的树木，是没有人理睬的，如果理睬就是砍回家当柴火烧了；只有那些奋发向上，又直又高的树木才能引起别人的注意，不是当栋梁材用就是留于林中成为参天大树。

　　疏懒的人，要学会歌唱播种。因为有了播种，才有收获。

疏懒的人，要学会歌唱消融。因为有了消融，才能清澈。

疏懒的人，要学会歌唱涌泉。因为有了涌泉，才有奔流……

知错能改，善莫大焉

最好的好人，都是犯过错误的过来人；一个人往往因为有一点小小的缺点，将来会变得更好。

——莎士比亚

没有人喜欢自己被指责，哪怕自己犯了错误。所以，当知道自己犯了错误的时候，最初的、也是最强烈的反应就是为自己辩护、为自己开脱。而实际上，这种文过饰非的态度常会使一个人在人生的航道上越偏越远。

一个人在前进的途中，难免会出现这样或那样的过错。对一个欲求达到既定目标、走向成功的人来说，对待自己过错的正确态度应当是过而不文、闻过则喜、知过能改。

"过而不文"需要一种自觉的纠错意识和宽广的胸怀。一般人做不到这一点，原因是虚荣心在作祟。一些人有很强的能力，很少有失误发生，久而久之，自然养成了"自己一贯正确"的意识，一旦真的出现过错，心理难以接受。出于对面子的维护，不少人会找理由开脱，或者干脆将过错掩盖起来。

知过能改，则是使一个人在激烈的竞争中从一个胜利走向另一个胜利的关键。"过而不改，是谓过矣！"有了过失并不可怕，怕的是不思悔改、一味坚持。这种人是很难走向人生的辉煌。

格里·克洛纳里斯在北卡罗来纳州夏洛特当货物经纪人。在他给西尔公司做采购员时，发现自己犯下了一个很大的估计上的错误。有一条对零售采购商至关重要的规则，是不可以超支账户上的存款数额。如果账户上不再有钱，就不能购进新的商品，直到重新把账户填满，而这通常要等到下一次采购季节。

那次正常的采购完毕之后，一位日本商贩向格里展示了一款极其漂亮的新式手提包。可这时格里的账户已经告急。他知道他应该在早些时候就备下一笔应急款，好抓住这种叫人始料未及的机会。

此时他知道自己只有两种选择：要么放弃这笔交易，而这笔交易对西尔公司来说肯定会有利可图；要么向公司主管主动承认自己所犯的错误，并请求追加拨款。正当格里坐在办公室里苦思冥想时，公司主管碰巧顺路来访。格里当即对他说："我遇到麻烦了，我犯了个大错。"他接着解释了所发生的一切。

尽管公司主管平时是个非常严厉苛刻的人，但他深为格里的坦诚所感动，很快设法给格里拨来了所需款项。手提包一上市，果然深受顾客欢迎，卖得十分火爆。而格里也从超支账户存款一事中汲取了教训。

这个故事告诉我们，当不小心犯了某种大的错误时，最好的办法是坦率地承认和检讨，并尽可能快地对事情进行补救。只要处理得当，你依然可以赢得别人的信赖。

喜欢听赞美是每个人的天性。忠言逆耳，当有人尤其是和自己平起平坐的同事对着自己狠狠数落一番时，不管那些批评如何正确，大多数人都会感到不舒服，有些人更会拂袖而去，连表面的礼貌也不会做，令提意见的人尴尬万分。这样的结果就是，下一次如果你犯再大的错误，也没有人敢劝告你了，这不仅会让你在错误的路上越滑越远，更是你做人的一大损失。当我们错了，就要迅速而真诚地承认。

如果你在工作上出错，就应该立即向领导汇报自己的失误，这样当然有可能会被大骂一顿，可是上司的心中却会认为你是一个诚实的人，将来也许对你更加器重，你所得到的，可能比你失去的还多。

事实上，一个有勇气承认自己错误的人，他不但可以获得某种程度的满足感，还可以消除罪恶感，有助于弥补这项错误所造成的后果。卡耐基告诉我们，傻瓜也会为自己的错误辩护，但能承认自己错误的人，就会获得他人的尊重，而且令人有一种高贵诚信的感觉。

承认错误是一种人生智慧，只有人们对错误采取认真科学分析的态度，才能反败为胜。现实中，许多人为了面子死不认错，硬认死理，只有让自己一错再错，损失更大的"面子"。

由此，一个人要想有面子，就要不怕丢面子。孔子说："过而不改，是谓过矣。"意思是说，犯了一回错不算什么，错了不知悔改，才是真的错了。

闻过则喜、知过能改，是一种积极向上、积极进取的人生态度。只有当你真正认识到它的积极作用的时候，才可能身体力行去聆听别人的善意劝解，才可能真正改正自己的缺点和错误，而不至于为了一点面子去忌恨和打击指出自己过错的人。闻过易，闻过则喜不易，能够做到闻过则喜的人，是最能够得到他人帮助和指导的人，当然也是最易成功的人。

在我们犯了错误的时候，总是想得到别人的宽恕，而不是斥责。其实，宽恕是对我们的纵容，别人宽恕了我们第一次，我们可能会犯第二次、第三次。我们要学会在犯了错误的时候，坦率地承认，并担负我们该负的责任，而不是为了怕丢面子，而百般地辩解，文过饰非。

我的字典里没有"不可能"！

在我的字典中，没有"不可能"这样的字眼。

——拿破仑

有一位老师，他带领的班级在学校所有的竞赛中总是名列前茅，有人向他取经，他走到黑板前写下两个大字："不能"。然后问全班同学："我们该怎么办？"

学生们马上高高兴兴地大声回答："把'不'字擦掉。"

是的，这就是答案了，擦掉"不"字，"不能"就变成"能"了。

不仅仅是这些学生，即使我们也需要这样的教导，我们必须随时提醒自己，把"不"字去掉，只要"能"，这就是我们获胜的秘诀。如果"不能"这个字在心中扎根，最终你会发现，即使是你擅长的事业，也会在激烈的竞争中败下阵来。

15岁的男孩安泰在报上看到招聘启事上有一份适合他的工作，欣喜不已。第二天安泰准时前往应征地点时，发现应征队伍中已排了十几个男孩。

如果换成一个认为"不能"的男孩，他可能会因此而转身离去。但是安泰却完全不一样。他认为自己需要这份工作，并且能够把它干好，那么接下来便是动脑筋，打败前面的应征者。他在一张纸上写了几行字，然后走到负责招聘的秘书面前，很有礼貌地说："小姐，请你尽快把这张便条交给老板，这件事很重要，谢谢你！"

秘书不无欣赏的看着安泰，因为他看起来精神愉悦，文质彬彬。也许别人她可能不会放在心上，但是这个男孩不一样，她不愿意拒绝他，所以她立刻将这张纸交给了老板。

纸条上面是这样写的：

"先生，我是排在最后的男孩。在见到我之前请不要做出任何决定。"结果，安泰成功了。

事实上，他没有理由不成功，虽然他年纪很小，但是他知道如何去想，有能力在短时间内抓住问题的核心，然后运用智慧解决它，并尽力做好。

一个人生活在世上，要面对的东西有很多，烦恼、朋友、敌人……在对外界事物应对自如的时候，我们往往忽略了一个最重要的对手——自己。于是有了这样一个难题：有人能轻易打败敌人，却不能战胜自己。

很早以前，看到这样一个故事：

一个小和尚为了让寺里的伙食更丰盛，每天从树林里采来许多香菇。湿的香菇不易保存，要摊在地上晒干再收藏。一天他正在太阳底下曝晒采回来的香菇，师父走了过来。

"晒干之后，装进袋子。"师父说。

"知道了。"小和尚边干活边应答着，觉得师父过于操心了。

一连几天太阳都很好，香菇干得很快。小和尚正在装袋时，师父又来了。

"不要全装进一个大袋。多分几个小袋子，封紧了，别透气！"师父叮嘱道。

"知道了！"小和尚带着几分不耐烦的口气答道，心想，师父真是多事！但他还是一包包的装好，并没有半点怨言。

野生的香菇特别香，炒青菜时丢进几个，滋味别提多好了，到院里用斋的施主和其他的师兄师弟无不称赞。

第一包香菇用完了，小和尚打开了第二包，发现香菇里长满了小虫，不能吃了！他很着急，赶快向师父报告。

"别急。你先把这包扔掉，打开别的包看一看，这包不能吃，别的包说不定能吃。"师父说。

小和尚紧张地打开那些包，高兴地笑了。

"这回你知道我为什么让你分开密封了吧。"师父摸着小和尚的头说，"你以为画板是保护画的，岂知板子也伤了画；你以为袋子是防外面的虫咬香菇，岂知香菇里原来就可能有虫。于是那保护它不受外界侵犯的，反过来保护了外界，不受它侵犯。"师父接着语重心长地说："我们总怕别人会害自己，其实害自己的不一定是别人，也许是自己！我们应该能常常理清自己的心虫，别让它偷偷啃食我们的心，或飞出去伤害别人。"

当我们用警惕的眼神去注视别人，用猜疑的思想去怀疑别人，用谨慎的行动去处理事情时，我们确能很好地保护自己，但有时仍然会感到受了伤害。如果排除了一切外界因素，还找不到受伤根源时，那就很可能是自己伤了自己。

一个人的一生中难免遇到各种各样的问题。当你遇到问题时，运用积极的心态去思考非常关键。如果你渴望成功，就必须调整心态，要积极但不忘谨慎。能不能巧胜对手，脱颖而出；能不能战胜自己，驱除心魔，都直接取决于我们能不能把否定思维转化为肯定思维。

苛求完美？——别给造物主出难题！

即使断了一条弦，其余的三条弦还是要继续演奏，这就是人生。

——爱默生

没有完美的世界，也没有完美的人生，有时候，目标与现实之间只差一点点而已。如果你抱着自己的完美理想不放手的话，就会招惹来无穷无尽的烦恼的纠缠，相反，在完美与不完美间寻找一个平衡点，你的生活将会快乐轻松很多。

有些人活着，就是以完美地过完自己的每一天为目标的。当他看到房间里沾上了一些灰尘时，会惊呼！赶快进行了一次大扫除；当他看到自己的鼻子、嘴巴或是某部位不如别人时，会大叫：我也要那张脸！于是不惜大动干戈让人拿刀子给自己画个大花脸；当他看到电视里插播的泡着花瓣的浴缸，会马上跑去买一个，他有洁癖，一天洗手若干次；他总是愿意让自己看上去永远一丝不苟，连头发也梳理的严整些；他总是愿意别人说他："看！人家过的多细致！"他喜欢别人称赞他并且也自诩道："我是完美主义者。"

事实上，完美主义唯一的好处在于有时你能获得比较好的结果，与此同时，在你努力取得完美时，你可能感到紧张、忙碌，不安，发觉很难放松。你很可能对人对己都吹毛求疵，因而损害了你的人际关系和心理健康。并有可能使你害怕失败所带来的不完美境地而拒绝发起向生活的挑战，最终成为一个生活上的彻底失败者。

作为一名完美主义者，如果你未能达到某一目标就感到自己在那些方面彻底失败了，因而深深地自责和痛苦。无论你做得再多再好也不会令自己满意，而是不断地追求更高的目标。尽管这些在他人看来已经十分了不起，你也可能会对自己有更苛刻的要求，害怕暴露自己的缺点，只想将自己令人叹为观止的完美无缺的一面呈献在大众面前。这种心理一旦控制你久了，便会给你的精神和身体带来严重的影响，那可能是病态的。

有时候人们会被这种在生活中或是工作中吹毛求疵、追求完美的压力所蒙蔽。认为只有做的"更好"些才会使自己更加幸福，其实，大可不必，有时候你的缺陷也是一笔可观的人生财富。

詹姆士·杨原本是新墨西哥州高原上经营果园的果农。每年他都把成箱的苹果以邮递的方式零售给顾客。

一年冬天，新墨西哥州高原下了一场罕见的大冰雹，砸得一个个原本色彩鲜艳的大苹果疤痕累累，詹姆士心痛极了。完了，这下全完了！我将失去所有的顾客和收入了！他越想越懊恼，就坐在地上抓起受伤的苹果拼命地咬起来。忽然，他的动作停顿了，他发觉这苹果比以往的更甜、更脆，汁多、味更美，但外表的确难看。

第二天，他把苹果装好箱，并在每一个箱子里附上一张纸条，上面这样写着："这次奉上的苹果，表皮上虽然有些难看，但请不要介意，那是冰雹造成的伤痕，是真正的高原上生产的证据。在高原，气温往往骤降带来坏天气，但也因此苹果的肉质较平时结实，而且还产生了一种风味独特的果糖。"

在好奇心的驱使下，顾客都迫不及待地拿起苹果，想尝尝味道："嗯，好极了！高原苹果的味道原来是这样的！"顾客们交口称赞。

这批长相丑陋的苹果挽救了几乎赔掉一切的詹姆士，而且还以它"特殊"的标志性的模样而广开销路，大受顾客好评。詹姆士也因此大获成功。其实，生活中尽善尽美的事情真是少得可怜，它们大多有着这样那样的缺陷，让我们感到深深的遗憾。面对缺陷，我们不可一味气馁、气愤，更不要自卑、悲观，将缺陷与它本身的优势或独特之处联系起来，事情就不会如你所想的那么失败了，还有可能的是它还会成为你人生走向成功的重要力量。

在我们的成长过程中，我们逐渐养成了这样的信念：我们应该自始至终努力让生活变得尽善尽美。不幸的是，你的期望越高，往往失望也越大。由于对自己的要求过高，给自己施加了过多的压力，就会束缚住自己的手脚，迫使你最终放弃了努力，以致一无所成。或者最终崩溃掉。相反，如果你降低了对自己的要求，不再对自己提出好高骛远的期望，你的心情反而会因为解脱而舒畅开心起来，会觉得自己更有创造力，更可以轻松上阵了。正如莎士比亚说过的那样："最理想的境地总是不可到达的，但是人们往往不知道应该退而求其次。"结果，你只能被碰得头破血流。因此，完美主义不是一种你应给予强化的心态，而是一种你应给予弱化的心态。

努力克服完美主义的几种方法：

① 列出其利弊

列出完美主义的利弊，和它对你生活的影响，以此来说明完美主义其实对你没什么特殊意义，它只会让你需要做的工作成倍地增加而已。

② 确定明确的时限

对任务进行分析，确定完成它的时间限制。不要说"我要做这件事"而应说"我有15分钟的时间来做此事，所以要尽量把握方向做到位就可以了。否则你会在永远不满足中徘徊不前。

③ 敢于暴露自己的弱点

向你的亲友或家人吐露心声。你若在某些情况下感到压力过大或紧张，告诉他们，并把这当成是一次挑战。敢于做平常人，并且敢于承认。认识到自己的弱点和错误是你走向成功的关键一步。

④ 欣赏工作中的每个阶段

把精力多集中到工作的进程上而不是其结果。不时地停下来，欣赏进程中的某一刻，而不要老盯着最后的结局。否则你会过得很疲惫。因为你再怎么努力也会发现结果还是那么的不尽如人意！

⑤用自己完成的事情来鼓舞自己

当你觉得自己很失败时，可以先列出一张清单，在上面写上你当天完成的事情：譬如泡了一杯清香的茶，积极地工作了一天，用电脑进行了文字处理，学到了一个新式的做菜法……

⑥每天都记录你的成功

每天都在大脑里记录下一个美妙的时刻、几项成功完成的工作或是别人的一声称赞，晚上睡前再回忆一遍。你会觉得自己还是很成功的。

⑦拿自己的错误当消遣，给自己点幽默尝尝

你可以拿自己犯下的错误来消遣，把它们编成有趣的故事讲给别人听。他们其实很乐意听到别人也和自己干一样的蠢事。今天小小的差错往往就会成为明天的逸事！尝试一下，会发现你不仅不会为此丢掉脸面，相反，还会给别人留下平和的印象，特别是当你有所成就时。

在生活中，事事追求完美可不是什么值得称赞的做法。你努力的方向应该是让自己充满才干、独一无二，而不是做什么都有两下子却始终是咣咣当当的半瓶子的醋。要记住，虽然你缺点很多，也相当不完美，但因为你就是你，而不是别人，这点就会让你变得独特和稀有起来。就像那个长相并不好看的苹果，其实还是相当内秀、相当有内容的呢！卢梭说："大自然塑造了我，然后把模子打碎了。"但是，有太多人违背自我，以别人眼中的"完美"作为自己的目标和追求对象，所以，肯定活得很累。对于生活，大可不必如此，只要保持正常状态，拥有一颗知足的平常心，你将轻松许多。而且，接受多数人身上都存在的缺点，你的生活一定能或多或少地得到改观，同样，对自己也尽量宽容一些。学会欣赏自己的不完美才会构建属于自己的生活和天空！那么，从现在开始，学会接受自我，找寻不完美的美丽所在吧。

你也不想"安乐死"吧!

> 社会犹如一条船,每个人都要有掌舵的准备。
>
> ——易卜生

生活在父母羽翼之下的小鹰如果不是顶住恐惧的压力而跳下悬崖练习飞翔,它们一辈子都学不会要靠自己的力量才能生存下去的硬道理。

不管你是刚走出校园的学生,还是身有残疾而备受呵护的青年,当你们确定要走真正属于自己的人生之路时,首先可以确定的是你已从社会的一名弱势角色中开始转型了。了解并接受来自四面八方的压力不是让你去面对痛苦,而是让你以平等的角色开始准备接受生活的荷枪实弹的真实战争。从别人的树阴中走出来,给自己一个勇敢者的姿态,给自己的肩膀压上实实在在的压力去寻找属于自己的大树!让自己独自承担风雨吧,并且在它的"摧残"和磨炼下,你的人生终会像几经打磨的钻石,迎着阳光折射出璀璨夺目的华彩!

"天行健,君子以自强不息;地势坤,君子以厚德载物",要走向成功首先就要自强自立,把命运牢牢把握在自己手中,哪管他前方有多少妖魔鬼怪,艰难险阻!

清代书画家、文学家郑板桥,52岁时才得一子,万分宠爱,但从不溺爱,经常以各种方法培养其自立能力。他病危时,寄养在乡下老弟家中的儿子特地来看他。他要儿子亲手做几个馒头给他吃。但儿子从来没有做过,只好去请教厨师。当儿子将亲手做的馒头端到父亲床前时,父亲已咽了气。儿子悲痛得放声大哭,突然发现茶几上压着一张纸条,原来是父亲临终前写的一首遗诗，大意是：淌自己的汗，吃自己的饭，自己的事业自己干；靠天、靠人、靠祖宗，不算是好汉！

在当今社会气性的缺失是很多汲汲于功利者的普遍状态。他们不敢让自己单独去迎接挑战，也就不能练就自强的心态，也就养成了一个浪漫的理想化的阴柔状态还自以为魅力无限。

有人说人生实际上活的就是一份感觉，这句话不无道理。这种成就感，这种自强奋斗的快乐，绝不是父母、爱人、朋友的赠予所能感悟到的，也不是靠轻而易举地交换自己的青春美貌就能获得的，没有经过奋斗就享受；靠别人的创造来装扮自己、追求享受，其实是自欺欺人。就算你成功了，也没有什么值得向别人炫耀的资格。因为你从来没有为自己的理想奋斗过一天，也就不懂得汗水的珍贵，不懂得成功的果实的来之不易，所以失去的也就相当迅速了。

那么，什么是自强自立呢，如果你已经认识到，那么怎样才能迈出这关键的一步呢？

①自强的心态，是一种尊重自己，珍视自己的心态。同时，也是一种坚定的意志和坚强的决心，"有志者事竟成。破釜沉舟，百二秦关终属楚；苦心人天不负，卧薪尝胆，三千越甲可吞吴。"落第秀才蒲松龄以历史上自强者的事迹自勉，终于使自己成为一位名留青史的自强者。

②自强是一种永无止境的追求。旧问题解决了，新的问题就会出现；一个困难克服了，另一个困难就会到来。人生的过程就是不断克服困难、解决问题的过程。生命不息，自强不止。面对富裕的生活，我们更不能抛弃这种进取的精神。现代社会心浮气躁，抵制各种诱惑的确需要非同一般的定力。

③要有远大的目标，不能投机取巧、急功近利，面对纷繁的社会要学会平衡自己的心态，扎实进取，如果你的知识、人格魅力积累不够，你终将会被这个社会淘汰。

④不要沉溺于自己的优势中,一个人的成功主要不在其有多高的天赋,也不在其有多好的环境,而在于是否具有坚定的意志、坚强的决心和明确的目标。理想是自强者的力量之源。

如果不选择出走,不选择靠自己的力量生存和成功的话,终其一生也品尝不到苦尽甘来的甜美。所以,从现在开始起就挣脱让你"安乐死"的温床吧,给自己压力,让自己享受重生之喜悦!

大事不糊涂,小事不计较

大事不糊涂,小事不计较。

——民间名言

生活中,我们不要总是遇事就争个明白,一些无关紧要的小事就让它过去算了,为此斤斤计较、争论不休反而会损害自己在众人眼中的形象。

寺庙中的两个小和尚为了一件小事吵得不可开交,谁也不肯让谁。第一个小和尚怒气冲冲地去找方丈评理,方丈在静心听完他的话之后,郑重其事地对他说:"你说得对!"于是第一个小和尚得意洋洋地跑回去宣扬。第二个小和尚不服气,也跑来找方丈评理,方丈在听完他的叙述之后,也郑重其事地对他说:"你说得对!"待第二个小和尚满心欢喜地离开后,一直跟在方丈身旁的第三个小和尚终于忍不住了,他不解地向方丈问道:"方丈,您平时不是教我们要诚实,不可说违背良心的谎话吗?可是您刚才却对两位师兄都说他们是对的,这岂不是违背了您平时的教导吗?"方丈听完之后,不但一点也不生气,反而微笑着对他说:"你说得对!"第三位小和尚此时才恍然大悟,立刻拜谢方丈的教诲。

以每一个人的立场来看,他们都是对的。只不过因为每一个人都坚持自己的想法或意见,无法将心比心、设身处地地去考虑别人的想法,所以没有办法站在别人的立场去为他人着想,冲突与争执因此也就在所难免了。如果能够以一颗善解人意的心,凡事都以"你说得对"来先为别人考虑,那么很多不必要的冲突与争执就可以避免了,做人也一定会更轻松。

因此,凡事都要争个是非的做法并不可取,有时还会带来不必要的麻烦或危害。如当你被别人误会或受到别人指责时,如果你偏要反复解释或还击,结果就有可能越描越黑,事情越闹越大。最好的解决方法是,不妨把心胸放宽一些,没有必要去理会。

比如对于上班族来说,虽然人和人相处总会有摩擦,但是切记要理性处理,不要非得争个你死我活才肯放手。就算你赢了,大家也会对你另眼相看,觉得你是个不给朋友留余地,不尊重他人面子的人,于是你会失去真正的朋友。

2002年3月,一位旅游者在意大利的卡塔尼山发现一块墓碑,碑文记述了一个名叫布鲁克的人是怎样被老虎吃掉的事件。由于卡塔尼山就在柏拉图游历和讲学的城邦——叙拉古郊外,很多考古学家认为,这块墓碑可能是柏拉图和他的学生们为布鲁克立的。

碑文记述的故事是这样的:布鲁克从雅典去叙拉古游学,经过卡塔尼山时,发现了一只老虎。进城后,他说,卡塔尼山上有一只老虎。城里没有人相信他,因为在卡塔尼山从来就没人见过老虎。

布鲁克坚持说见到了老虎,并且是一只非常凶猛的虎。可是无论他怎么说,就是没人相信他。最后布鲁克只好说,那我带你们去看,如果见到了真正的虎,你们总该相信了吧?

于是,柏拉图的几个学生跟他上了山,但是转遍山上的每一个角落，却连老虎的一根毛都没有发现。布鲁克对天发誓，说他确实在这棵树下见到了一只老虎。跟去的人就说，你的眼睛肯定被魔鬼蒙住了，你还是不要说见到老虎了，不然城邦里的人会说，叙拉古来了一个撒谎的人。

布鲁克很生气地回答：我怎么会是一个撒谎的人呢？我真的见到了一只老虎。在接下来的日子里，布鲁克为了证明自己的诚实，逢人便说他没有撒谎，他确实见到了老虎。可是说到最后，人们不仅见了他就躲，而且背后都叫他疯子。布鲁克来叙拉古游学，本来是想成为一位有学问的人，现在却被认为是一个疯子和撒谎者，这实在让他不能忍受。为了证明自己确实见到了老虎，在到达叙拉古的第十天，布鲁克买了一枝猎枪来到卡塔尼山。他要找到那只老虎，并把那只老虎打死，带回叙拉古，让全城的人看看，他并没有说谎。

可是这一去，他就再也没有回来。三天后，人们在山中发现一堆破碎的衣服和布鲁克的一只脚。经城邦法官验证，他是被一只老虎吃掉的。布鲁克在这座山上确实见到过一只老虎，他真的没有撒谎。布鲁克在这场争论中取得了胜利，不过代价却是他宝贵的生命。

急于证明自己清白而为一些小事一争到底的人是愚蠢的，这样做只会白白地损害自己的形象，惹人耻笑。如果你能更大度一点，对这些无关紧要的小事一笑置之，那么你一定会赢得更多人的尊敬。

放弃凡事争个明白的傻念头吧，真正的智者从不会为小事斤斤计较，他们总是坚持走自己的路，不管别人怎样评说，而时间最后总会证明他们是正确的。

治疗"小心脏综合证"

一个伟大的人有两颗心：一颗心流血，一颗心宽容。

——纪伯伦

对那种不能容忍、脾性褊狭的心理，最好的修正方法是增加智慧和丰富生活经验。拥有良好的修养往往使你摆脱那些无谓的纠缠。那些不能容人、脾性褊狭的人很容易卷入到这些无谓的纠缠中。那些具有宽厚性格的人其性格的宽厚程度与其实际智慧成正比，他们总是能考虑别人的缺点和不利条件而原谅他们——考虑别人在性格形成过程中环境因素的控制力量，考虑别人不能抵制诱惑而犯错的情形。

如果我们不能原谅和容忍别人，不能宽厚待人，人们也会以同样的态度对待我们。

在南美的一个小村里，那儿的大脖子病（甲状腺肿大）非常普遍，以致该村的人以为没有这种病的人就是畸形人或丑八怪。一天，一群英国人经过那儿，村庄里的许多人都嘲笑他们，并狂呼乱叫："看，看这些人他们没有大脖子（病）！"

大学问家法拉第曾和他的朋友廷德尔教授在信中交流他的心得体会，下面便是他令人钦佩的建议，这些建议充满了智慧，也是他丰富人生经验的总结。法拉第说："请允许我这位老人，这时，我应该说从人生经历中获益匪浅，谈谈我的心灵感悟。年轻时，我发现我经常误会了别人的意思，很多时候，人们所表达的意思并非我想的那种意思。而且，更重要的是，通常对那种话中带刺的话装聋作哑要比寻根究底好,相反,对那种亲切友好的话语仔细品味要比权当耳边风要好。真相终归会大白于天下。那些反对派,如果他们本身错误的话,用克制答复他们远比以势压人更容易使他们信服。我想要说的是,对党派偏见视而不见更好,对好心好意则应该目光敏锐。一个人如果努力与人和睦相处,那他一生中就会获得更多的幸福。你肯定不能想象出,我遭人反对时,我私下也经常恼怒不已,因为我不能正确地思考,因为我总是目空一切;但是,我总是努力的,我也希望能成功地克制自己与别人针尖对麦芒地针锋相对,我也知道我从未为此受到过什么损失。"

日本战国时代,上山千信和武田信玄是死对头,他们在川岛会战之后,又打了好几次激烈的仗。有一天,一向供应食盐给信玄的今川氏和北条氏两个部落,都和信玄起了冲突,因此中止了食盐的供应。而信玄的属地申州和信州又都是离海很远的内陆,不生产食盐,因此使这两州的人民都陷入了无盐的困境。

千信听到这个消息后,马上写信给信玄说:"现在今川氏和北条氏都中止了食盐的供应,使你陷入困境,我不愿趁火打劫,因为那是武将最卑鄙的做法。我还是希望在战场上和你分个胜败,所以食盐的问题,我来帮你解决。"而千信也果然遵守诺言,请人运送大批的食盐到申州和信州,替信玄解决了问题。所以信玄以及两州的人民都很感激千信。

千信是当时最剽悍善战的武将,每次战争都可以说是惊天动地,并且他又非常讲义气。从这个故事中我们可以知道,千信实在是一位具有深厚同情心的人。也正因他的武功高强,为人光明磊落,重义气而富同情心,所以很受到后人的敬仰。

常人的心理都会为敌人陷入困境而幸灾乐祸,同时也会觉得,可利用这种难得的机会打败敌人。可是千信并不这么想,虽然他和信玄是死对头,又不断交战,但目的只是为了争个高低,而不是要陷百姓于困境。所以千信认为，虽然两国正在战争之中，但面对敌人因为没有食盐而陷入困境时，理应先设法拯救，至于争夺胜负，那是战场上的事。千信有这种气度，正是他伟大的地方。

在这世界上，竞争是免不了的，对立有时也是必要的。但是，过于褊狭的心理会让我们自动与快乐为仇。

第七章
善待自己,放飞心情

有不少人的生存状态可以用一个"累"字来形容:追求总是那么多,所得总是不满足,工作事业压力大,以至身体透支、精神疲惫。我们必须学会卸载心灵上诸多负重,善待自我,培育一个自在的心态,这样才能以健康的身心状态发掘和享受生活中的精彩。

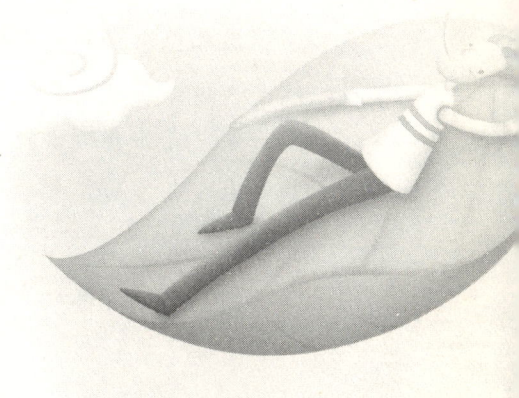

简单的生活就是快乐

我视闲暇为所有财富中最美好的财富。

——苏格拉底

一些人常常感叹自己活的累,这其实是由于他们奢求的太多,不断地给自己增加各种负担,结果让自己疲惫不堪,如果能试着放下一些东西,他们就会发现自己会变得更快乐。

据说上帝在创造蜈蚣时,并没有为它造脚,但它可以爬得和蛇一样快。有一天,它看到羚羊、梅花鹿和其他有脚的动物都跑得比自己还快,心里很不高兴,便羡慕地说:"哼!脚愈多,当然跑得愈快。"

于是,它向上帝祷告说:"上帝啊!我希望拥有比其他动物更多的脚。"

上帝答应了蜈蚣的请求。他把好多好多的脚放在蜈蚣面前,任凭它自由取用。

蜈蚣迫不及待地拿起这些脚,一只一只地往身体上贴去,从头一直贴到尾,直到再也没有地方可贴了,它才依依不舍地停止。

它心满意足地看着满身是脚的自己,心中暗暗窃喜:"现在我可以像箭一样地飞出去了!"

但是,等它开始要跑步时,才发觉自己完全无法控制这些脚。这些脚劈里啪啦地各走各的,它非得全神贯注,才能使一大堆脚不致互相绊跌而顺利地往前走。

为此,它很痛苦,但一点办法也没有,只能后悔当初不该奢求过多，给自己造成极大的负担。生活的道理也是相同的，只有简单着，才能快乐着。

"只有简单着，才能快乐着。"不奢求华屋美厦，不垂涎山珍海味，不追名逐利，不扮贵人相，过一种简朴素净的生活，才能感受生活的快乐，一些外在的财富也许不如人，但内心充实富有才是真正的生活。这才是自然的生活，有劳有逸，有工作着的乐趣，也有与家人共享天伦的温馨，自由活动的闲暇，还用去忙里偷闲吗？

"浓肥辛甘非真味，真味只是淡。神奇卓异非至人，至人只是常。"有"布衣将军"之称的冯玉祥生活就很简单。1934年春，蒋介石派孙科来拜访冯玉祥，冯玉祥以家常饭招待，吃的是馒头、小米粥，只有四样小菜。孙科吃得很香，说："我在南京吃的是海参鱼翅，却没有冯先生的饭菜香甜。真怪！"怪吗？在懂得生活的人看来，简单才是生活的真味。

睿智的中国古人早就指出："世味浓，不求忙而忙自至。"所谓"世味"，就是尘世生活中为许多人所追求的舒适的物质享受、为人欣羡的社会地位、显赫的名声等等。现代人追求"时髦""新潮""时尚""流行"，像被鞭子抽打的陀螺一样忙碌——或拼命打工，或投机钻营，应酬、奔波、操心……很难再有轻松地躺在家中床上读书的时间，也很难再有与三五朋友坐在一起"侃大山"的闲暇，忙得会忽略了自己孩子的生日，忙得没有时间陪父母叙叙家常……

伟大的科学家法拉第，不仅为人类发现了电磁感应，还完成了由磁向电的转化，发现了电磁定律和磁致旋光效应。为此，世界各国给予他94个名誉头衔。但他并没有为外物所役，而是坚持着自己的平民作风，简单而快乐地活着，只求从自己的工作中获取快乐。当英国宫廷想封他为爵士，给他加一个贵族的头衔，使他永远摆脱平民的身份时，宫廷每一次派人试探都遭到了拒绝。

1857年英国皇家学会会长班特利勋爵辞职，皇家学会学术委员会一致认为，如果能请德高望重的法拉第教授出来继任会长，那是再理想不过的了。学术委员会派法拉第的好友丁铎尔和几名代表劝说法拉第接受这个职位，因为这是一个英国科学家所能享受的最高荣誉。但法拉第并不追求荣誉。他对丁铎尔说："我是个普通人，到死我都将是个普普通通的迈克尔·法拉第。现在我来告诉你吧，如果我接受皇家学会希望加在我身上的荣誉，那么我就不能保证自己的诚实和正直，连一年也保证不了。"丁铎尔和代表们失望地走了。

过了几年以后，皇家学院院长诺森伯公爵去世，学院理事会又想请法拉第出来当院长，法拉第又一次拒绝了朋友们的好意。

法拉第在他最后的日子里，辞去了皇家学院的职务，住进了英国女王赠送给他终生居住的房子里。他的忠诚的妻子陪伴在他的身边，四只苍老的手常常握在一起，满眼都是笑意，他感谢她，是她为自己付出了终生的辛劳，是她陪自己度过了那些最艰难的时刻，他们的爱情像一颗燃烧的金刚石，持续不断地发出白炽无烟的耀眼的光华长达46年之久。他们结合的深度和力量，法拉第认为其重要性"远远超过其他事情"。法拉第度过了自己十分有意义的一生，他对人生已不再留恋，但如果说法拉第还有什么牵挂，那就是不放心妻子，因为他没有给自己的妻子留下多少财产，又怕将来没有人照顾她。

也许，你会觉得法拉第傻的可以，自己为世界创造了那么多财富，到最后却还要为妻子的生活发愁。事实上，他身后的所有事情根本无须担忧，因为他简朴的一生，有价值的一生足可以让自己的妻子在以后的日子里幸福地活着，因为，他给妻子留下的是别人永远都无法给予的快乐和慰藉。

营造最佳心态

世界上最浩瀚的是大海，比大海更浩瀚的是蓝天，比蓝天更浩瀚的是人的心灵。

——雨果

每个人都是血肉之躯，从物质构成上来看，没有多少区别，但心理上却有区别。因为心理状态的存在，你看到了人们各自脸上的不同反应、不同处事方式以及不同的生活状态，这种心灵的状态就是心态。

今天，科学技术的发展已经使人类登上了月球，在对外部世界的探索中，我们已经走了很远很远，但遗憾的是，我们对内在心灵世界的探索，步子却迈得很慢很慢。通过解剖学家的手，你可以看到每个身体器官，知道它们各自的作用，但解剖学家的手却永远都解剖不了人的心灵，以及这个心灵存在着的巨大力量和包含的丰富心态。

我们每个人都有一颗心灵，每颗心灵的深处都蕴藏着无穷无尽的智慧和能量。

这种智慧和能量将会给你带来一切：它能给你带来灵感，让你有新的发明、新的发现或者写出新的文章和剧本；它还会告诉你关于宇宙的神奇本质，向你展示生命的真正价值，指引你走上通向完美生活的道路；心灵还能帮助你找到理想的伴侣、恰当的事业伙伴或同事；它甚至能在你身处危机时，为你提供一个解决问题的方法。

因此，人一旦学会了开发心灵的智慧和能量，并释放出它的威力，那么，他（她）就会在生活中拥有更多的财富、健康、幸福和快乐。

但是，为什么有许多人没有学会开发自己心灵的智慧和能量呢？那是因为他们还没有看清自己心灵的两面性，并适当掌握和运用两面性，这个两面性就是积极心态的一面和消极心态的一面。

积极的心态能充分调动出心灵的巨大能量和智慧，使你的事业、身体和婚姻等都达到一种完美的境界；相反，消极心态则阻碍了心灵能量和智慧的发挥，它会让你四处碰壁，会让你的人生变得黯淡无光。然而，我们每一个人的实际心态并不能简单地划分为积极的和消极的两种，而往往是积极心态中有消极的成分，而消极心态中又有积极的成分。积极心态与消极心态几乎是一对孪生兄弟，密不可分，而我们所要做的，只不过是要掌握好它们的分寸、控制好它们的比重。

人的积极心态是心态的一极，它可以用阳来表示；而消极心态是心态的另一极，它可以用阴来表示。心态的这两极相互激荡，消极心态中有积极心态，积极心态中有消极心态，阴中有阳、阳中有阴，它们相辅相成，从而形成了心态的特征。因此，任何人都不可能只拥有其中的一种心态，任何人在任何时候都同时拥有这两种心态，只不过其中所占比重不同而已。但值得注意的是，它们总是在不停地转变。一个人只有积极心态就会阳气太盛，变得不可控制，就容易冒进，就容易遭受挫折；一个人只有消极心态就会阴气太重，变得极端消沉。自信往前走一步，就变成了狂妄、固执，往后退一步，就变成了自卑；冷静往前走一步，就变成了急躁，往后退一步，就变成了冷漠；紧张恰到好处时，能让我们集中注意力，如果稍微向前走一步，就变成了恐惧，稍微往后退一步，就变成了麻木不仁；勇气是一种积极的心态，但向前走一步，就变成了飞扬跋扈，向后退一步就变成了胆怯……因此，心态最最重要的，是要达到积极与消极心态彼此的和谐。

平衡的心态才是最理想的心态，它的特征就是平和、平淡、平心静气、气定神闲。这种心态里没有浮躁、也没有忧郁，没有兴奋、也没有悲观，没有狂妄、也没有自卑，一切都恰到好处。它就像太极图一样，浑融一体。人一旦拥有了这样的心态，他就能打开心灵宝藏的大门，心灵的巨大潜能就会被释放出来；他就能静如止水、动如奔洪，既能够去应对人生的一切艰难险阻，也能够去承受人生的一切成功。

心态领导行为

人的行为常常由心态来决定。

好心态决定正确的行为，坏心态决定错误的行为。

西方有一个古老的故事——一位住在海滨的哲学家，一天突然产生了这样一个想法，他想横渡大海，去海的对岸看一看。他是一位逻辑学家，经过冷静的思考，他理智地归纳出了这次航海可能遭遇的不同问题，结果他发现他不应当去的理由比应当去的理由更多：他可能会晕船；船很小，风暴也可能危及他的生命；海盗的快艇正在海上等待着捕获商船，如果他的船被他们捉住了，他们就会拿走他的东西，并把他当奴隶卖掉。这些理由和判断表明他不应该作这次旅行。

然而，这位哲学家还是作了这次旅行。为什么呢？因为他的想法已变成了一种心态在左右着他的行为。心态不断地对他的理智说："朋友，这件事在推理上虽有些令人生畏，但情况也许并不像你想象的那样坏。你常常都是一个幸运儿，这次也不例外。"心态的力量牢牢地控制住了这位哲学家，以至于后来，他觉得如果不进行这次航海，他就会坐立不安，甚至可以说，会成为他人生的一大遗憾。于是他扬帆起航了。但结果正如他理智所判断的那样，他成了海盗们的战利品。

这个悲剧故事生动地说明了一件事：行为跟着心态走！

成功需要勇气和信心，它有助于我们去面对所处的困难和挑战，调动起我们的一切能力。然而，当我们对某件事做决定时，心态就一定要平和宁静。此时我们不需要勇气和信心，也不需要所谓的积极心态和消极心态，而只需要把心态调整到一种恰当的状态。这是一种什么状态呢？就是一种心平气和、不急不躁的和谐状态——既不自卑也不自信，既不犹豫也不冒进，既不积极也不消极；只有在这种心态之下，我们才能敏锐地观察出客观问题的特点，才能准确地判断出事情的变化，才能够真正地做出正确的决策。

但是，如果我们的心态调整不到这一状态，我们对外界形势的判断就会受主观心态的影响，就不能够做到客观地判断，结果就会给自己造成极大的损失。

第二次世界大战时期，德国的纳粹分子曾进行了一次触目惊心的心理实验，他们声称将以一种特殊的方式来处死人，这种方式就是抽干人身上的血液。实验那天，他们从集中营挑选来两个人，一个是牧师，另一个是普通工人。纳粹士兵将两人分别捆绑在床上，用黑布蒙住双眼，然后将针头插进他们的手臂，并不时地告诉他们：现在，你已经被抽了多少升血了，你的血将在多少时间内被抽干！其实，纳粹士兵并没有真的抽他们的血，只是在他们的手臂上插进了一支空针头。结果，工人的面部不断抽搐，脸色变得惨白，渐渐地在惊恐万状中死去。而那位牧师却始终神情安详，死神没有夺取他的生命，他活了下来。

从这个实验中，你也许会对这两个人的不同命运产生疑问。但当人们问起牧师当时的感想时，牧师回答说："我的内心很平静，我不害怕，我问心无愧，即使死了，我的灵魂也会进入天堂。"可见，在实验进行过程中，两个人都面临死亡的现实，不同的是，那个工人极端恐惧的心态让他采取了放弃生命的行为，认为自己一定没有机会生存下去了，最终心力衰竭而死去。牧师因为拥有平和的心态，正视自己，从容地面对当时的一切，结果反而幸存了下来。

俗语说：情人眼里出西施。为什么会这样呢？因为情人被心态左右了，他的认识水平和判断力完全向心态屈服了。他爱意浓浓，对心爱之人一往情深，此时，他看见的一切都是自己希望看见的。于是，即使对方再丑，在情人的眼里，她也像西施一样美丽动人。

然而，我们决策之时，一定不能够"情人眼里出西施"，一定要调整好自己的心态，做到冷静客观、不急不躁、无爱无恨、无悔无怨。这样，我们才能认清客观形势、分析出情况的变化，从而做出准确的判断。倘若我们的心态调整不好，纵使变化就在眼前，我们也看不清楚。

有一位司机，干活任劳任怨，为人也挺仗义，是一个不错的小伙子，但就是心态不好，太急躁，开起车来左窜右窜，非常快。到公司不久，同事便发现了他的这一特点。对他说："你的心太急，要多注意一点，否则要出事。"果不其然，没过多久，他开车追尾了。刚开始，他怀疑刹车系统有问题。于是，他到修理厂将刹车系统彻底检查了一遍，结果是毫无问题。其实，这并不是车的问题，而是他心态的问题，他急躁的心态影响了他对车速和车距的判断。由于这小伙子除了这一毛病之外，实在不错，领导就把他请到办公室谈了谈心，并告诉他心态影响了他的认识和判断，希望他能调整自己的心态。

然而，这次追尾过去整整一个月后，他又一次追尾了，情况比上一次还要严重。领导哭笑不得，他也十分内疚，说他控制不了自己的心态，并主动从公司辞了职。

当我们的人生遇到大的转折之时，我们就更应该控制好自己的心态，否则，就会对客观情况的变化视而不见、听而不闻，就会抓不住问题的症结所在，就会把内心的愿望误认为是客观的现实。如此一来，我们就不能真正地去审时度势，就会对情况做出错误的判断，采取错误的行为，导致我们的人生陷入更大的困境中。

心态左右幸福

乐不在外而在心,心以为乐,则是境皆乐,心以为苦,则无境不苦。

——李渔

幸福是一种内心的满足感,是一种难以形容的甜美感受。它与金钱地位都无关,你拥有良好的心态,就可以触摸到它。

一个充满嫉妒的人是不可能体会到幸福的,因为他的不幸和别人的幸福都会使他自己万分难受。

一个虚荣心极强的人是不可能体会到幸福的,因为他始终在满足别人的感受,从来不考虑真实的自我。

一个贪婪的人是不可能体会到幸福的,因为他的心灵一直都在追求,而根本不会去感受。

幸福是不能用金钱去购买的,它与单纯的享乐格格不入。比如你正在大学读书,每月只有七八十元钱,生活相当清苦,但却十分幸福。过来人都知道,同学之间时常小聚,一瓶二锅头、一盘花生米,就会有说有笑,彼此交流读书心得,畅谈理想抱负,那种幸福之感至今仍刻骨铭心,让人心驰神往。昔日的那种幸福,今天无论花多少钱都难以获得。

一群西装革履的人吃完鱼翅鲍鱼笑眯眯地从五星级酒店里走出来时,他们的感觉可能是幸福的。而一群外地民工在路旁的小店里,就着几碟小菜,喝着啤酒,说说笑笑,你能说他们不幸福吗?

因此,幸福不能用金钱的多少去衡量,一个人很有钱,但不见得很幸福。因为，他或者正担心别人会暗地里算计他或者为取得更多的钱而处心积虑，许多人都在追求金钱，认为有了钱就可以得到一切，那只是傻子的想法。

其实，幸福并不仅仅是某种欲望的满足，有时欲望满足之后，体验到的反而是空虚和无聊，而内心没有嫉妒、虚荣和贪婪，才可能体验到真正的幸福。

湖北的一个小县城里，有这样一家人，父母都老了，他们有三个女儿，只有大女儿大学毕业有了工作，其余的两个女儿还都在上高中，家里除了大女儿的生活费可以自理外，其余人的生活压力都落在了父亲肩上。但这一家人每个人的感觉都是快乐的。晚饭后，两个女儿都去了学校上自习。她们不用担心家里的任何事。父母则一同出去散步，和邻居们拉家常。到了节日，一家人团聚到一块，更是其乐融融。家里时常会传出孩子们的打闹声、笑声，邻居们都羡慕地说："你们家的几个闺女真听话，学习又好。"这时父母的眼里就满是幸福的笑。其实，在这个家里，经济负担很重，两个女儿马上就要考大学，需要一笔很大的开支。家里又没有一个男孩子做顶梁柱，但女儿们却能给父母带来快乐，也很孝敬。父母也为女儿们撑起了一片天空，让她们在飞出家门之前不会感受到任何凄风冷雨。所以，他们每个人都是快乐和幸福的。

苏轼说："月有阴晴圆缺，人有悲欢离合，此事古难全。"既然"古难全"，为什么你不去想一想让自己快乐的事，而去想那些不快乐的事呢？一个人是否感觉幸福，关键在于自己的心态。

法国雕塑家罗丹说过："对于我们的眼睛，不是缺少美，而是缺少发现。"生活里有着许许多多的美好、许许多多的快乐，关键在于你能不能发现它。

如果今天早上你起床时身体健康，没有疾病，那么你比其他几百万人更幸运，他们甚至看不到下周的太阳了；

如果你从未尝试过战争的危险、牢狱的孤独、酷刑的折磨和饥饿的滋味，那么你的处境比其他五亿人更好；

如果你能随便进出教堂或寺庙而没有被恐吓、暴行和杀害的危险，那么你比其他三十亿人更有运气；

如果你在银行里有存款，钱包里有票子，盒里有零钱，那么你属于世上百分之八最幸运之人；

如果你父母双全，没有离异，且同时满足上面的这些条件，那么你的确是那种很稀有的地球人。

所以，去工作而不要以挣钱为目的；

去爱而忘记所有别人对你的不是；

去跳舞而不管是否有他人关注；

去唱歌而不要想着有人在听；

去生活就想这世界便是天堂。

这样，你就会发现生活中，其实你也很幸福！

心健方能身健

面对光明，阴影就在我们身后。

——海伦·凯勒

有一句话叫做"心宽体胖"。不妨观察一下现实生活中的人，那些不计较得失，心胸宽广的人往往身体健康，脸上也有光泽，而那些经常发火，什么事都放在心里，内向、偏激的人往往身体瘦弱，还经常生病，正如人们所说的，万病由心起。

一个人应当从小就养成忍耐、平和而安宁的性情，对自己的一切都能乐天知命，使自己的身体始终处于和谐的状态，避开疾病的侵扰。纯洁简朴的生活、良好的道德和快乐的天性，远胜过医生或药品所能为我们提供的一切。不道德的思想、恶毒的意念以及一切和精神不和谐的东西，都会引起我们身体上的不调，都有可能激发潜藏在我们体内的疾病，或者会降低我们的免疫能力。

西方一位心理学家讲述了这样一个故事——他的一位亲戚向一位印度水晶球占卜者卜问吉凶，后者告诉他，他有严重的心脏病，并预言他将在下一个新月之夜死去。

这一消极的暗示进入了他的心灵，他完全相信了这次占卜的结果，他果然如预言所说的那样死了，临死前的一刻，他感佩水晶球占卜的神奇，然而他根本不知道他自己的心态才是死亡的真正原因。这是一个十分愚蠢、可笑的迷信故事。

其实这位心理学家的亲戚在去算命之前本来是很快乐、健康、坚强和精力旺盛的，而占卜者给了他一个非常消极的暗示，他接受了它。中国有句古语：信则灵，不信则不灵。消极的暗示使他的心态变得消极起来，他非常害怕，在极度恐惧和焦虑中不停地琢磨自己。他告诉了每一个人，还为最后的了结做好了准备。这种必死无疑的心态终于让他"结束"了自己的生命。

中国也有一个类似的故事。一个寺院里住着一个体格健壮、满面红光的和尚。有一天，他突然听见寺庙里的那口钟发出了怪响，声音极其恐怖。

一开始他没有在意，可是到后来，声音越来越响，他的弟子偷偷告诉他："师傅，那口钟的声音听起来很恐怖，是不是寺庙里有鬼怪在作怪啊？"和尚听了也觉得浑身汗毛倒竖，他吓得病倒了。实在没办法，只好请来了巫婆、神汉大做法事。可是，那口钟依然会发出怪响，而且丝毫没有减弱的迹象，巫婆、神汉也说："那个妖怪法术太强，我们实在没有办法了，你还是另请高明吧！"和尚被吓坏了。

从那以后，他变得极度恐惧，瘫在床上等死。一天正好有一个朋友来看他，他便将这里的事情说给朋友听。这个朋友听过之后，哈哈大笑。就说："你给我二十两银子，我保证帮你抓到这个妖怪，并且保证你会马上好起来。"和尚半信半疑，但还是给了朋友二十两银子。结果，朋友还没用一天的时间就制服了妖怪，钟不响了，和尚也逐渐好了起来，等他病好之后请朋友来吃饭，便问朋友是怎么制服那妖怪的。

朋友才告诉他，根本就没有什么妖怪，是那口钟因为年久被撞出了一个裂口，刮风的时候，裂口处因为风的吹动就会发出奇怪的声音。和尚恍然大悟。

这些故事并不夸张，事实证明，心理暗示会给人以错觉，就像医生为哄老太太睡觉时给她一颗维生素说这是一片安定，吃了以后马上就可以睡觉一样。

如果你走到船上的一位船员身边，用同情的口吻对他说："亲爱的伙计，你看上去好像病了。你不觉得难受吗？我看你好像要晕船了。"

根据他的性情，他要么对你的"笑话"报以微笑，要么表现出轻微的不耐烦。

因为一位饱经风浪的水手怎么会晕船呢？

而对于另一个乘客来说，如果他缺乏自信，晕船的暗示就会唤醒他头脑中固有的对于晕船的恐惧。也就意味着他真的会变得脸色苍白，晕起船来。

我们每个人的内心都有自己的信仰和观念，这些内在的意念主宰和驾驭着我们的生活。暗示一般是无法产生效果的，除非你在精神上接受了它。所以，我们一定要以积极健康的意念来激发出积极健康的心态，只有心态健康了，我们才能有健康的身体。

平平淡淡才是真

生活只有在平淡无味的人看来才是空虚而平淡无味的。

——车尔尼雪夫斯基

人生的内容很多很乱，人的心思太杂太烦，站在繁华的都市街口，东边是金钱，西边是名誉，南边是地位，北边是权力。于是人总是东奔西走，南冲北突，想要的东西太多，眼睛盯着浮华世界里的功名利禄，到死才发现得到的东西很多，丢了的东西更多。生活也有能量守恒定律，追逐的同时，何不找个时间休息一会儿，翻一翻身上的背囊，看你丢了什么没有？

有一对青年，婚后的生活美满幸福，并且有了一个可爱的孩子，邻居们都非常羡慕他们。然而，丈夫总觉得自己的家庭与豪门望族相比，显得太土气了。于是，他告别了妻儿老小，终年奔波在外，处心积虑地挣钱。年深日久，妻子感到家庭冷清沉寂，尽管有了更多的钱财，却无异于生活在镶金镀银的墓穴中。孩子长大了，却不知道叫爸爸。后来，爸爸终于回来了，却衣衫不整，垂头丧气，原来他喜欢摆阔，遭遇匪霸被洗劫一空。

当妻子看到丈夫的那一刻，她什么都明白了。

丈夫像孩子似的扑进妻子的怀里，泣不成声地说："完了，一切都完了，我的心血全被那帮匪徒榨尽了，我没有活路了，我的路走完了，我后悔死了。"

妻子满是怜惜地看着丈夫，仔细地听完了丈夫的哭诉，然后，她用手轻抚他的头发,脸上露出了几年来从未有过的微笑,说:"你的路曾经走错了,但现在你的心终于回来了。这是我们全家真正幸福生活的开始。只要我们辛勤劳动,安居乐业,幸福还会伴随我们。"

从此以后,夫妻二人带着孩子辛勤劳动,共同经历风雨,用自己的汗水换来了丰硕的成果。尽管他们的生活并不奢华,但爱的心愿充溢着他们的心房,他们重新找回了昔日生活的美好,也懂得了生活真正的趣味。

生活需要舒适,没有金钱是不可能达成的,但过分的追逐常会使人丧失理智、感情淡漠、心性冷酷。只有平淡处世,正确对待这些身外之物,才可活得舒心自然,体会活着的真实意图:人生不是只为背负不了的沉重而活,而是为了从背负的沉重里取一点成就让自己感受快乐和幸福。

海边小镇有这样一家人,女人长得毫无姿色可言,甚至可以称之为丑,但脸上却始终挂着开心的笑。清晨,天还没亮,她就抱着孩子和男人出去接菜、卖菜,黄昏时,她坐在男人推着的木推车上。

怀里不是搂着她的儿子,就是破箱子破胶袋、草席水桶、饼干盒、汽车轮大包小包拉拉杂杂地前呼后拥把她围在中心。那男人龇牙咧嘴地推着车子,黄褐色的头发湿淋淋地贴在尖尖的头颅上,打着赤膊,夕阳下的皮肤红得发亮,半长不短的裤子松垮垮地吊在屁股上。每次木推车上桥时,男人的裤子就掉下来,露出半个屁股。可那胖女人还坐得心安理得,常常还优哉游哉地吃着雪糕筒呢!铁棍似又黑又亮又结实的手臂里的小男孩时不时把母亲拿雪糕的手抓过去咬一口,母子俩在木推车上争着吃。脸上尽是笑,女人笑得眼睛更小、鼻更塌、嘴巴更大。

有时她的脸可能搽了粉,黑不黑,白不白,有点灰有点青,粗硬的曲发老让风吹得在头顶纠成一团,而后面那瘦男人就看得那么开心,天天推着木推车,车上的肥老婆天天坐在那儿又吃又喝。有一次不知怎的,木推车不听话地直往桥脚下一棵树冲去,男人直着脖子拼命拉,裤子都快全掉下来了,木推车还是往树一头撞去,女人手中的碎冰草莓撒了她跟小男孩一头一脸。谁知那男人一手丢了木推车,望着车上的母子俩人大笑不止,女人一边抹去脸上的草莓,一边咒骂,一边跟着笑,笑的夕阳红了脸,笑的路人弯了腰。

唉,管什么男的讲风度,女的讲气质,什么人生的理想,生活的目标,什么经济不景气,一家三口,每天快快乐乐地出去卖菜,每天快快乐乐地捡点破烂,然后跟着夕阳回家。

丑成那样,穷成那样,又有什么关系呢?

人生无需所求太多,口袋里的票子够花就行。家里的房子温馨就行,追求太高,欲望太高,往往就像打肿脸充胖子,表面看着风光无限,却丢了快乐幸福和自由。

咀嚼人生百味

当你快乐时,你要想,这快乐不是永恒的。当你痛苦时,你要想这痛苦也不是永恒的。

——佚名

一个真正的艺术家,不仅善于享受人生中寻常的赏心乐事,而且还能达到这样一个境界,即一个享受痛苦的境界,痛苦越深,他从中获得的享受越多、越强烈。

痛苦真的可以"享受"吗?几千年来,人们为这个既诱人又令人困惑的问题绞尽脑汁。

最早对这个美学之谜进行完整系统研究的是古希腊的柏拉图。他在《斐列布斯篇》中通过苏格拉底与普洛塔库斯的对话第一次提出了痛感与快感的混合问题。苏格拉底认为像愤怒、恐惧、忧郁、沮丧、哀伤、失恋、妒忌、心怀恶意之类的情感是人类心灵特有的痛感，但这种痛感又充满着极大的快感。他引出荷马《伊里亚特》中的"愤怒惹得聪慧者也会狂暴，它比蜂蜜还要香甜"来证明这个看法。但是他在解释这个现象时是含有错误成分的，因为他把人们看喜剧和悲剧时那种痛感夹杂着快感与"心怀恶意的人在旁人的灾祸中感到快感"这两种截然不同的感情混为一谈，甚至用后者的规律来解释前者，解释一切快感与痛感的混合。

无论何时，人类都应该感谢黑格尔老人，他的话虽然是研究宗教徒心理而不是直接谈艺术的，但却给了我们无限的启迪。

黑格尔在《美学》二卷中曾透彻分析过宗教殉道者的心理，认为殉道者为了天国不惜忍受痛苦和死亡时，他们是把痛苦和对于痛苦的意识和感觉当作真正的目的，在苦痛中愈加意识到舍弃的东西的价值和自己对它们的眷恋，便愈发感到把抛弃它们这种考验强加给自己身上的心灵的丰富。

宗教殉道者的享受痛苦当然与艺术家的享受痛苦不可同日而语，有着本质上的区别，因为前者是舍弃人生，而后者却是最珍爱人生的。但是宗教殉道者的享受痛苦与艺术家的享受痛苦有着形式上的一致性。

换句话说，当人们在人生道路上遇到挫折、感到痛苦时，一般人往往沉溺在痛苦中不能自拔，而一个艺术家却从痛苦中超越出来，他从痛苦的生活中获得了在平静的生活中无法获得的心灵的丰富，他感到他过了双倍的生活，他认为这才是人生的精华，正是他引以为幸、引以为豪的地方。例如小说《黑骏马》中的主人公的内心独白就典型地表现了这种奇特的享受：

直到如今，仍然有人认为，即使失去了这美好的一切；即使只能在忐忑不安中跋涉草原，知道找到自己往日的姑娘的希望渺茫，而且明知她已不再属于自己；即使知道自己只是倔强地决心找到她，而找到她只能重温那可怕的痛苦——他仍然认为，自己是幸福的。因为毕竟那样生活过……哪怕现在正踏在古歌《黑骏马》周而复始、低徊无尽的悲怆节拍上,细细咀嚼着那些应该接受的和强加于自己的罪过与痛苦,他还是觉得,能做个内心丰富的人,明晓爱憎因由的人,毕竟还是人生之幸。

享受痛苦证明了无忧无虑和享乐哲学并不是真正的幸福。

一个人无忧无虑,没有经过现实斗争的洗礼,只能说还处于精神幼年时期,这时的欢乐和幸福是表面的、脆弱的,正如卢梭说的处在自然状态的儿童所享受到的只是不完全的自由。而当一个人成年以后如果仍然养尊处优,无所事事,也只能算作精神上的儿童,这时他的无忧无虑将成为他内心不自由和痛苦的根源。

我国西汉时期枚乘写的一篇著名的赋《七发》,就很典型地说明了这种情况。楚太子长期生活在糜烂的酒色之中,他内心是不自由的,只有冲出宫廷,冲出帝制樊笼,去领略人生道路上的种种艰难,才能最终成为一个正常的人、优秀的人、内心丰富的人,才会觉得自己真正存在过。

生活就是意味着感觉和思索,饱受苦难和享受快乐。我们的感觉思想所包含的内容越是丰富,饱受苦难和享受快乐的能力就越是强大和深刻,我们就生活得越好。一瞬间这样的生活,比醉生梦死、愚昧无知地活上一百年,要有意义得多。我们先得有饱受苦难的能力,然后才会有享受快乐的能力。不知道苦难的人,也就不明白快乐;没有哭泣过的人,也就不会感到喜悦。有些年轻人讲究享乐,但是他们不知道这样的一味追求感观享乐恰恰是以牺牲人生最崇高、最美好的欢乐为代价的。

享受痛苦的原理证明了中国式的"逍遥游"也不是真正的幸福。

中国古代的老庄哲学主张绝圣弃智、无知无欲,主张成年人都返回到婴儿状态,主张无为,主张隐逸,退出熙熙攘攘的人世竞争,喜怒哀乐不入于胸臆,从中获得人与自然的和谐,颐养天年。这就是所谓的"至乐"。这种淡化生命意志的幸福观、至乐观在我国有着深刻的影响。近年来,有不少学者对此也评价甚高。实际上,这是一种消极的幸福观、自由观。按照这种哲学获得的所谓"至乐"并不是真正的最高幸福,而是一种虚假的、至少是片面的不完全的幸福快乐,是一种囿于现实的、无可奈何的幸福。尊重自然规律,获得人与自然的和谐与颐养天年当然也可以说是一种自由、一种快乐,但是这种自由和快乐只是人类全部自由的一部分,而且是相对不重要的一部分,而另一种人与人的矛盾的解决才是更重要的自由。何况天人合一、颐养天年如果以退出人与人的矛盾为代价,那么这种自由本身也犹如建筑在沙滩上,是十分脆弱的,是经不起风浪考验的。

当然,我们讲的享受痛苦也并不是像采尼那样盲目崇拜苦难,自寻苦难。而是在讲:第一,要尊重社会自然的客观规律,即承认人生是无法回避苦难的;第二,更重要的是要善于超越这种苦难,从中获得解脱,要善于去享受这种苦难。这对于一个艺术家和一部文艺作品尤其重要。这是享受痛苦的原理在艺术创作上对我们的又一启示,这个启示告诉我们:简单地表现苦难、暴露苦难并不能造就真正的艺术家和文艺作品。这里不要说那种明显缺乏艺术魅力的伤痕文学、暴露文学、问题小说,就是被一些人视为艺术高峰的现代派作品也常常是宣泄痛苦有余,享受痛苦不足。例如自波德莱尔开创的直接描写丑恶、描写死亡的创作倾向确实已走到了艺术的边缘,有的作品处理得好,可以使人获得享受痛苦的欢乐,读来颇有味道,但弄不好很可能就会背离艺术的根本宗旨,为丑恶而写丑恶,为死亡而写死亡,这样的作品常常只能有哲学上的意义,而很少有艺术上的价值。

对那些具有积极心态的人来说,每种灾难所带来的痛苦都含有等量的或更大的成功种子。

总之,享受痛苦确实是证明一个艺术家的价值的重要标志,但是要正确掌握这个本领,或者说要真正具备这种较高的艺术修养,并不是很简单的。也并不只属于有志于艺术,献身于艺术的青年们。经过心态转化,所有的人都能在享受痛苦的修炼中登上人生的顶峰。

得失随缘，笑看风云

一个人快乐不是因为他拥有得多，而是因为计较得少。

——牛根生

清代红顶商人胡雪岩破产时，家人为财去楼空而叹惜，他却说："我胡雪岩本无财可破，当初我不过是一个月俸四两银子的伙计，眼下光景没什么不好。以前种种，譬如昨日死；以后种种，譬如今日生吧。"胡雪岩的这种得失心当数"糊涂之极"，然而，失去的已经不再拥有，再去计较又有何用？所以，还是糊涂一点好。

人生的许多烦恼都源于得与失的矛盾。如果单纯就事论事来讲，得就是得到，失就是失去，两者泾渭分明，水火不容。但是，从人的生活整体而言，得与失又是相互联系、密不可分的，甚至在一定程度上，我们可以将其视为同一件事情。我们不认真想一想，在生活中有什么事情纯粹是利，有什么东西全然是弊？显然没有！所以，智者都晓得，天下之事，有得必有失，有失必有得。

山姆是一个画家，而且是一个很不错的画家。他画快乐的世界，因为他自己就是一个很快乐的人。不过没人买他的画，因此他想起来会有些伤感，但只是一会儿。

"玩玩足球彩票吧！"他的朋友劝他，"只花2美元就可以赢很多钱。"

于是山姆花2美元买了一张彩票，并真的中了彩！他赚了500万美元。

"你瞧！"他的朋友对他说，"你多走运啊！现在你还经常画画吗？"

"我现在就只画支票上的数字！"山姆笑道。

山姆买了一幢别墅并对它进行一番装饰。他很有品位，买了很多东西：阿富汗地毯，维也纳柜橱，佛罗伦萨小桌，迈森瓷器，还有古老的威尼斯吊灯。

山姆很满足地坐下来，他点燃一支香烟，静静享受他的幸福，突然他感到很孤单，便想去看看朋友。他把烟蒂往地上一扔——在原来那个石头画室里他经常这样做——然后他出去了。

燃着的香烟静静躺在地上，躺在华丽的阿富汗地毯上……一个小时后，别墅变成火的海洋，它被完全烧毁了。

朋友们很快知道这个消息，他们都来安慰山姆。"山姆，真是不幸啊！"他们说。

"怎么不幸啊？"他问。

"损失啊！山姆你现在什么都没有了。"朋友们说。

"什么呀？不过是损失了2美元。"山姆答道。

在人生的漫长岁月中，每个人都会面临无数次的选择，这些选择可能会使我们的生活充满无尽的烦恼和难题，使我们不断地失去一些我们不想失去的东西，但同样是这些选择却又让我们在不断地获得，我们失去的，也许永远无法补偿，但是我们得到的却是别人无法体会到的、独特的人生。因此面对得与失、顺与逆、成与败、荣与辱，要坦然待之，凡事重要的是过程，对结果要顺其自然，不必斤斤计较，耿耿于怀。否则只会让自己活得很累。

俗话说"万事有得必有失"，得与失就像小舟的两支桨，马车的两只轮，得失只在一瞬间。失去春天的葱绿，却能够得到丰硕的金秋；失去青春岁月，却能使我们走进成熟的人生……失去，本是一种痛苦，但也是一种幸福，因为失去的同时也在获得。

一位成功人士对得失有较深的认识，他说：得和失是相辅相成的，任何事情都会有正反两个方面，也就是说凡事都在得和失之间同时存在，在你认为得到的同时，其实在另外一方面可能会有一些东西失去，而在失去的同时也可能会有一些你意想不到的收获。

人之一生，苦也罢，乐也罢，得也罢，失也罢，要紧的是心间的一泓清潭里不能没有月辉。哲学家培根说过："历史使人明智，诗歌使人灵秀。"顶上的松阴，足下的流泉以及坐下的磐石，何曾因宠辱得失而抛却自在？又何曾因风霜雨雪而易移萎缩？它们踏实无为，不变心性，方才有了千年的阅历，万年的长久，也才有了诗人的神韵和学者的品性。终南山翠华池边的苍松，黄帝陵下的汉武帝手植柏，这些木中的祖宗，旱天雷摧折过它们的骨干，三九冰冻裂过它们的树皮，甚至它们还挨过野樵顽童的斧斤和毛虫鸟雀的啃啄，然而它们全然无言地忍受了，它们默默地自我修复、自我完善。到头来，这风霜雨雪，这刀斧虫雀，统统化做了其根下营养自身的泥土和涵育情操的"胎盘"。这是何等的气度和胸襟？相形之下，那些不惜以自己的尊严和人格与金钱地位、功名利禄作交换，最终腰缠万贯、飞黄腾达的小人的蝇营狗苟算得了什么？且让他暂时得逞又能怎样！

人生中，得与失，常常发生在一闪念间。到底要得到什么？到底会失去什么？仁者见仁，智者见智。不可否认的是，人应该随时调整自己的生命点，该得的，不要错过；该失的，洒脱地放弃。

不要以太过认真的态度计较得失，人生才能有更多的风景呈现。

清心寡欲，尽享人生乐趣

只要生活有情趣，我们将不会老是踩在马路上的香蕉皮上。

——卡耐基

当我们以全力往前跑的时候，我们的眼睛不断注视着前面，两边什么也看不见。

世上充满了有趣的事情，可是生活中的大多数人都竭尽全力地追逐自己的目标，却忽视了生命中无数乐趣。

生活也是一门艺术，生活要过得简单而不乏味，有情趣而不孤异，只有这样，你才能够领悟人生的真谛，感受生活的美好。

芝加哥的约瑟夫·沙巴士法官，他曾审理过4万件婚姻冲突的案子，并使两千对夫妇复和。他说："大部分的夫妇不和，根本是肇因于许多琐屑的事情。诸如，当丈夫离家上班的时候，太太向他挥手再见，可能就会使许多夫妇免于离婚。"

劳·布朗宁和伊丽莎白·巴瑞特·布朗宁的婚姻，可能是有史以来最美妙的了。他永远不会忙得忘记在一些小地方赞美她和照顾她，以保持爱的新鲜。他如此体贴地照顾他的残疾的太太，结果有一次她在给姊妹们的信中这样写道："现在我自然地开始觉得我或许真的是一位天使。"

简单的生活琐事，可能会给你带来不同的结果，就看你是不是掌握了生活的艺术。

真正懂得乐观地去生活的人，是因为他的生活富有情致。

任何人都想过幸福且充满活力的人生。除了要保持愉悦的生活情绪外，时时接受新事物的挑战也显得格外重要。

年龄虽大但依然精力充沛的人，多半是不断接受挑战的人。努力对很多事物充满兴趣，寻找新的挑战，并且去体验一些新的发现，会帮助你打破乏味的生活方式。

生命中，除了一些我们必须达到的目标以外，还有一些美好的风景也同样引人入胜。用心体会生命的情趣，我们会得到精神的慰藉和情感的升华，让我们以一种轻松愉悦的心情去追逐前方的目标；适时地接受生活中的新鲜事物，生活不再枯燥，旅途也不会特别劳累。

第八章
化"坏"为"好",时时调控心态

没有谁高明到不犯错误,在心态问题上是也是如此。聪明人与愚蠢者的区别在于,会不会及时通过心态转换实现状态的自我调控。蒙牛老总牛根生有句话说得好:"(心态)就如同翻一页书……高手翻到的全是天使,不是因为魔鬼不存在,而是他能把魔鬼变成天使。"

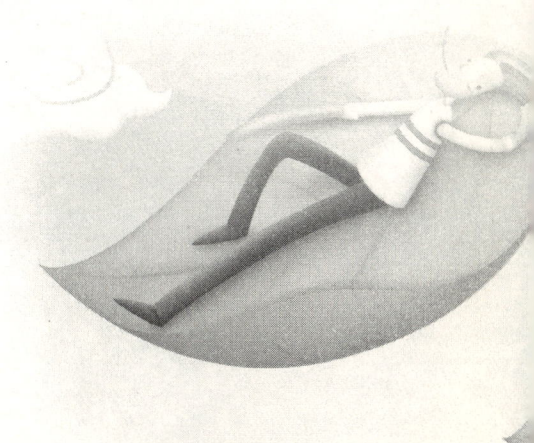

改变心态就是在改变命运

事情取决于我们如何看待它们。

——奥·斯韦特·马顿

命运是可以改变的，因为它取决于你的心态，如果你能正视自我，并改变那些不良的心态，那么你的命运也会随之改变。

知道了自己的错误，勇于承认，并毫不犹豫地改掉它，这是一件比较困难的事。英雄豪杰之所以是英雄豪杰，圣贤之所以是圣贤，就是在这一点上有过人之处。

明代的时候，有一个著名的人物，叫袁了凡。

袁年少时曾在一个名叫慈云寺的寺庙里遇上了一位姓孔的老人。老人长须飘然，仙风道骨，长得超凡脱俗。经过一番交流之后，袁就把老者请到了自己家中，母亲说："好好接待孔先生，让他给你算一算命，看灵不灵。"结果，孔先生算他以前的事情丝毫不差。

孔先生告诉他："你明年去考秀才，要经过好几次考试。先要经过县考，县考时，你考中第十四名；县上面有府，府考时，你考中第七十一名；府上面有省，省考时，你考中第九名。"第二年，他去参加考试，果然没有错，孔先生算准了。

于是，袁又让孔先生为他推算终身的命运。孔先生告诉他："你某年应考第几名，某年可以廪生补缺，某年可以当贡生。当贡生后，某年又会去四川一个大县当县令，三年半后，便回到家乡。在五十三岁这一年的八月十日丑时，你将寿终正寝，可惜终身无子。"袁了凡将这一切都详详细细地记录下来，并且铭记在心。

令人称奇的是，自第二年后每次考试的名次都与孔先生所算一致。

从此以后，袁真的明白了，一个人一生的吉凶祸福、生老病死、贫富贵贱，都是上天安排好了的，不能强求。命里没有的，怎么动脑筋、怎么努力都得不到；命里有的，不用多想、也不用怎么努力，自然就会有。于是，他认命了，无求、无得、无失，心里真正地平静了下来。

他当了贡生以后，在北京住了一年，终日静坐，毫无想法，也不读书写字，真可谓心如止水。因为他知道了自己的命运，想也没用，所以，他什么都不想了。

一年，袁回到南方，去朝廷所办的大学——南京的国子监游学。入学之前，他到南京栖霞山拜访了著名的云谷禅师。他与云谷禅师在禅堂里对坐，三天三夜都没合眼，依然精神饱满。云谷禅师暗暗称奇，心想：如此年轻之人，怎么会有这么高深的定力呢？真是难得！难得！

于是，云谷禅师问道："凡夫之所以不能成为圣人，是因为心中有杂念和妄想。你坐在这里三天三夜，我没有看到你有一个妄念。这是什么原因呢？"

袁回答道："因为我已经知道了自己的命运。二十年前，有一位姓孔的先生早就算定了，我一生的吉凶祸福、生老病死都是注定的，还有什么好想的呢？想也没有用，所以干脆就不想了。"

云谷禅师笑了笑，说道："我还以为你是一位定力高深的豪杰，原来也只是一个凡夫俗子。"

袁向云谷禅师请教："此话怎讲呢？"

云谷禅师说："人的命运为什么会被注定呢？这是因为人有心、有妄想。人如果没有了心、没有了妄想，命运就不会被注定。你三天三夜不合眼，我以为你抛开了妄想，没想到你仍有妄想，这妄想就是——你什么都不想了。"

袁问道："既然如此，那么按照你的说法，难道命运可以改变吗？"

云谷禅师说道："儒家经典《诗经》和《尚书》里都说过这样一句话——命由我作，福自己求。这的确是至理名言。任何人的命运都是由自己的心态决定的，人的幸福也全看自己怎样去追求。佛家经典中也说：求富贵得富贵，求男女得男女，求长寿得长寿。妄语是佛家的根本大戒，佛难道还会妄语吗？难道还会欺骗你吗？"

袁进一步向云谷禅师请教："孟子说：'有所求，然后才能有所得。'其意思的确是指求在自己。但是，孟子的话是针对一个人的道德修养而言，人的道德修养无疑可以通过自身的培养而获得，而功名富贵是身外之物，难道通过内在的修身养性也可以获得吗？"

云谷禅师说："孟子的话没有说错，是你自己理解错了。你理解对了一半，另一半你还不知道。其实，除道德修养可以通过内心求得之外，任何一切也都可以求得。你难道没有听过六祖说的这样一句话吗？'一切福田，不离方寸，从心而觅，感无不通'。意思就是说，任何成功和幸福都离不开人的方寸之心，一切追求最终是否成功，都取决于人的心态。要追求一切，首先就必须从追求心灵开始。所以，孟子说的求在自己，不仅仅指道德修养，功名富贵也是如此。道德修养是内在自身的，功名富贵是外在的，但这两者的获得都应该从内心入手，而不要舍弃内心，盲目地在外面去追求。从内心入手，内外的追求都可以得到。如果不反躬内省，只一味地向外追逐，那么，尽管你拼命努力，用尽了许多方法和手段，但这一切都是外在的，内心没有觉悟，你就只能像无头苍蝇一样四处碰壁，最终毫无结果。所以，一个人从外面去追求功名富贵，往往会内外两者都失掉。"

袁听完云谷禅师的话以后，豁然开朗。

云谷禅师告诉他说："孔先生说你不能登科，没有儿子，这是根据你的天性而算定的，这是天作之孽，完全可以通过内心的努力去改变它。只要你扩充自己的德性，改变自己的心态，多做善事，多积阴德，那么，你就能改变自己的命运。《易经》是一部高深的著作，中心思想就是教人趋吉避凶。如果说人的命运是注定的，又何须去趋吉避凶呢？"

听完云谷禅师的话以后，当天，他便改名为了凡，其含义是自己了解了安身立命之说，立志不走凡夫俗子之路，一定要改变自己的命运。从此以后，他整日小心谨慎，不敢让自己的行为越雷池半步。他的心态开始发生了变化。以前，他放纵自己的个性，言行随随便便，过一天算一天。而现在，他时刻警觉，不断反省检点自己的行为，即使一个人独处的时候，也常常感觉有一种无形的力量在注视着自己；遇到有人憎恨诽谤他，他也能安然容忍，内心相当平静，不像从前那样心浮气躁，一点点委屈都受不了。

第二年，礼部进行科举考试。孔先生算他该考第三名，他却考了第一名，孔先生的卦终于不灵验了。秋天的大考，他又考中了举人。孔先生算他命里不会中举，而他居然考中了。

从这以后，袁了凡便对命运变通之说深信不疑，时时刻刻检点反省自己：是否积善行德不勇敢？是否救人的时候常怀疑虑？是否自己的言论还有过失？是否清醒时能做到而醉后又放纵了自己？

改名以后，袁了凡便自己掌握了自己的命运：他有了儿子，取名天启；他不仅考中了举人，而且还考取了进士；孔先生说他命里本应去四川当知县，他后来却在天津宝坻当了知县，最后官至尚宝司少卿；孔先生算他寿命只有五十三岁，他却一直活到七十四岁。

袁了凡的故事，证明了一个奇迹的出现，而大多数人不能实现这个奇迹是因为不能去除自己身上的人性弱点。

每个人的内心都有一些顽固的东西阻碍着自己潜能的发挥，像嫉妒、猜疑、虚荣、刚愎、自卑、懦弱、贪婪、恐惧等等，所以，我们在通往成功的路上不断克服外在困难的过程，实际上也就是一个不断释放潜能的过程，一个克服自己弱点、自己战胜自己的过程。

眼中只有瑕疵，你还能看清什么？

眼中只有瑕疵的人无法发现其他的东西。

——托马斯·富勒

  人生确实有许多不完美之处，每个人都会有这样或那样的缺憾。其实，没有缺憾我们就无法去衡量完美。仔细想想，缺憾其实不也是一种美吗？

  一位心理学家做了这样一个实验：他在一张白纸上点了一个黑点，然后问他的几个学生看到了什么。学生们异口同声地回答，看到了黑点。于是，心理学家得到了这样的结论：人们通常只会注意到自己或他人的瑕疵，而忽略其本身所具有的更多的优点。是呀，为什么他们没有注意到黑点外更大面积的白纸呢？

  一位人力三轮车师傅，五十多岁，相貌堂堂，如果去当演员，应该属偶像派。当别人问他为什么愿做这样的"活儿"，他笑着从车上跳下，并夸张地走了几步给人家看，哦，原来是跛足，左腿长，右腿短，天生的。

  问者很尴尬，可他却很坦然，仍是笑着说，为了能不走路，拉车便是最好的伪装，这也算是"英雄有用武之地"。他还骄傲地告诉别人："我太太很漂亮，儿子也帅！"

  有这样一位女子，她喜欢自助旅行，一路上拍了许多照片，并结集出版。她常自嘲地说："因为我长得丑，所以很有安全感，如果换成是美女一个人自助旅行，那就很危险了。我得感谢我的丑！"

英国有位作家兼广播主持人叫汤姆·撒克，事业、爱情皆得意，但他只有1.3米，他不自卑，别人只会学"走"，他学会了"跳"，所以，他成功了。他有句豪言："我能够得到任何想要的东西。"

其实，在人世间，很多人注定与"缺陷"相伴而与"完美"相去甚远的。渴求完美的习性使许多人做事比较小心谨慎，生怕出错，因此，必然导致其保守、胆小等性格特征的形成。在现实生活中我们不难发现，有的人长得一表人才，举止得体，说话有分寸，但你和他在一起就是觉得没意思，连聊天都没丝毫兴致。这些人往往是从小接受了不出"格"的规范训练，身上所有不整齐的"枝杈"都给修剪掉了，于是便失去了个性独具的风采和神韵，变得干巴、枯燥，没有生机，没有活力。客观地说，人性格上的确存在着"缺陷美"，即在实际生活中，那些性格有"缺陷"而绝对不属于十全十美的人反而显得更具有内在的魅力，也更具有吸引力。

不仅人自身是不完美的，我们生活的世界也是充满缺憾的。比如：有一种风景，你总想看，它却在你即将聚焦的时候巧妙地隐退；有一种风景，你已经厌倦，它却如影随形地跟着你；世界很大，你想见的人却杳如黄鹤；世界很小，你不想看见的人却频频进入你的视线；有一种情，你爱得真、爱得纯，爱得你忘了自己，而他（她）却视如垃圾，如果能够倒过来，多好，可以不让自己再忍受痛苦。世上有许多事，倒过来是圆满，顺理成章却变成了遗憾。然而，世上的许多事情正是在顺理成章地进行着，我们没办法将它倒过来。

缺陷和不足是人人都有的，但是作为独立的个体，你要相信，你有许多与众不同的甚至优于别人的地方，你要用自己特有的形象装点这个丰富多彩的世界。也许你在某些方面的确逊于他人，但是你同样拥有别人所无法企及的专长，有些事情也许只有你能做而别人却做不了！

学会欣赏自己的不完美，并将它转化成动力，才是最重要的。

中国古代哲学家杨子曾对他的学生们说：有一次，我去宋国，途中住进一家旅店里，发现人们对一位丑陋的姑娘十分敬重，而对一位漂亮的姑娘却十分轻视。你们知道这是为什么吗？学生们听了之后说什么的都有。杨子告诉他们，经过打听才知道，那位丑陋的姑娘认为自己相貌差而努力干活而且品格高尚，因此得到人们的敬重；那位漂亮的姑娘则认为自己相貌美丽，因而懒惰成性且品行不端，所以受到人们的轻视。

其实，做人的道理也是这样，是否被人尊敬并不在于外貌的俊与丑。美决不只是表面的，而有着更深层次的内涵。如果表面的美失去了应该具有的内涵，就会为人们所舍弃，那位漂亮姑娘就是最好的例证。勤能补拙，也能补丑，这是那位丑姑娘给我们的启示。

欣赏自己的不完美，因为它是你独一无二的特征。欣赏自己的不完美，因为有了它才使你不至于平庸。不完美使你区别于人，世界也因你的不完美而多了一点色彩。

还心灵一个自由

幻想出来的痛苦一样可以伤人。

——海涅

其实每一个人的心都是自由的，如果你感叹心太累，那么一定是你自己锁住了自己。"世上本无事，庸人自扰之"，何必做一个自筑牢狱的庸人呢？跳出来吧，快乐正在等着你。

三伏天，禅院的草地枯黄了一大片。"快撒点草种子吧！好难看哪！"小和尚说。

师父挥挥手："随时！"

中秋，师父买了一包草籽，叫小和尚去播种。

秋风起，草籽边撒、边飘。"不好了！好多种子都被吹飞了。"小和尚喊。

"没关系，吹走的多半是空的，撒下去也发不了芽。"师父说，"随性！"

撒完种子，跟着就飞来几只小鸟啄食。"要命了！种子都被鸟吃了！"小和尚急得跳脚。

"没关系！种子多，吃不完！"师父说，"随遇！"

半夜一阵骤雨，小和尚早晨冲进禅房："师父！这下真完了！好多草籽被雨冲走了！"

"冲到哪儿，就在哪儿发！"师父说，"随缘！"

一个星期过去了。原本光秃的地面，居然长出许多青翠的草苗。一些原来没播种的角落，也泛出了绿意。

小和尚高兴得直拍手。

师父点头："随喜！"

"随时、随性、随遇、随缘"概括了人生多少自然，多少豁达！不妄求、不贪恋、不慌乱、不躁进，一切自然随意，人生还会有太多的东西可以让你寝食难安，愁眉不展吗？很多的东西都是人人想要的。为此，世事纷争、你恨我怨，但有几人可以如愿？为何不开释自己的心灵，无私无欲？让自己跳出心灵的圈子，卸下包袱，心境恬静一点？

不要幻想生活总是那么圆圆满满，也不要幻想在生活的四季中享受所有的春天，每个人的一生都注定要跋涉沟沟坎坎，品尝苦涩与无奈，经历挫折与失意。

洒脱一点，得失存乎于世，弃之于心，人生难免看尽落英缤纷，风华早谢。停留与驻足不应该是你人生失意时的选择，抬眼望天，太阳永远光彩夺目，月亮永远以暗夜作幕。生活不可求全责备，披着阳光的色彩前行，生活才会有光明照耀。细细想来，其实你完全可以很快乐。就像这个烦恼少年的经历一样。

有一天,他来到一个山脚下。只见一片绿草丛中,一位牧童骑在牛背上,吹着悠扬横笛,逍遥自在。

烦恼少年看到了很奇怪,走上前去询问:"你能教给我解脱烦恼之法么?"

"解脱烦恼?嘻嘻!你学我吧,骑在牛背上,笛子一吹,什么烦恼也没有。"牧童说。

烦恼少年试了一下,没什么改变,他还是不快乐。

于是他又继续寻找。走啊走啊,不觉来到一条河边。岸上垂柳成阴,一位老翁坐在柳阴下,手持一根钓竿,正在垂钓。他神情怡然,自得其乐。

烦恼少年又走上前问老翁:"请问老翁,您能赐我解脱烦恼的方法么?"

老翁看了一眼忧郁的少年,慢声慢气地说:"来吧,孩子,跟我一起钓鱼,保管你没有烦恼。"

烦恼少年试了试,不灵。

于是,他又继续寻找。不久,他路遇两位在路边石板上下棋的老人,他们怡然自得,烦恼少年又走上前去寻求解脱之法。

"喔,可怜的孩子,你继续向前走吧,前面有一座方寸山,山上有一个灵台洞,洞内有一位老人,他会教给你解脱之法的。"老人一边说,一边下着棋。

烦恼少年谢过下棋老者,继续向前走。

到了方寸山灵台洞,果然见一长髯老者独坐其中。

烦恼少年长揖一礼,向老人说明来意。

老人微笑着摸摸长髯,问道:"这么说你是来寻求解脱的?"

"对对对!恳请前辈不吝赐教,指点迷津。"烦恼少年说。

老人答道:"请回答我的提问。"

"有谁捆住你了么？"老人问。

"……没有。"烦恼少年先是愕然，尔后回答。

"既然没有人捆住你，又谈何解脱呢？"老人说完，摸着长髯，大笑而去。

烦恼少年愣了一下，想了想，有些明白了：是啊！又没有任何人捆住了我，我又何须寻找解脱之法呢？我这不是自寻烦恼，自己捆住自己了吗？

少年正欲转身离去，忽然面前成了一片汪洋，一叶小舟在他面前荡漾。

少年急忙上了小船，可是船上只有双桨，没有渡工。

"谁来渡我？"少年茫然四顾，大声呼喊着。

"请君自渡！"老人在水面上一闪，飘然而去。

少年拿起木桨，轻轻一划，面前顿时变成了一片平原，一条大道近在眼前。少年踏上大路，欢笑而去。

跳出心灵牢狱的方法在你自己的手里，没有人可以左右你的思想，如果你依然用烦恼自扰，别人也不可能帮上你的忙。因为无人可以把他的意志强加在你的头上。境由心造，要想快乐，何不自己跳出来？

喝下这碗孟婆汤

能向后看得越远就可能向前看得越远。

——丘吉尔

上天赐给我们很多宝贵的礼物，其中之一即是"遗忘"。只是我们过度强调"记忆"的好处，却忽略了"遗忘"的功能与必要性。生活中，许多事需要你记忆，同样也有许多事需要你遗忘。

比如，你失恋了，总不能一直溺陷在忧郁与消沉的情境里，必须尽快遗忘；股票失利，损失了不少金钱，心情苦闷提不起精神。你也只有尝试着遗忘；期待已久的职位升迁，人事令发布后竟然没有你，情绪之低可想而知。解决之道别无他法——只有勉强自己遗忘。

只有遗忘了那些不快，才会更好地前进。

然而，想要遗忘却不是想象中那么容易。遗忘是需要时间的，如果你连"想要遗忘"的意愿都没有，那么，时间也无能为力。

一般人往往很容易遗忘欢乐的时光，对于不快的经历却常常记起，这是对遗忘的一种抗拒。换言之，人们习惯于淡忘生命中美好的一切；但对于痛苦的记忆，却总是铭记在心。就如你吃过了糖会很快忘记甜，吃过了黄连却口有余苦。

的确，很多人无论是待人或处事，很少检讨自己的缺点，总是记得"对方的不是"以及"自己的欲求"。其实到头来，还是很少如愿——因为，每个人的心态正彼此相克。

反之，如果这个社会中的每个人，都能够试图将对方的不是及自己的欲求尽量遗忘，多多检讨自己并改善自己，那么，彼此之间将会产生良性的互补作用，这也才是每个人希望达到的。

有这样一个故事：有一次，一位女士给了一个朋友三条缎带，希望他也能送给别人。这位朋友自己留了一条，送给他不苟言笑、事事挑剔的上司两条，因为他觉得由于上司的严厉使他多学到许多东西，同时他还希望他的上司能拿去送给另外一个影响他生命的人。

他的上司非常惊讶，因为所有的员工一向对他敬而远之。他知道自己的人缘很差，没想到还有人会感念他严苛的态度，把它当作是正面的影响而向他致谢，这使他的心顿时柔软起来。

这个上司一个下午都若有所思地坐在办公室里，而后他提早下班回家，把那条缎带给了他正值青春期的儿子。他们父子关系一向不好，平时他忙着公务，不太顾家，对儿子也只有责备，很少赞赏。那天他怀着一颗歉疚的心，把缎带给了儿子，同时为自己一向的态度道歉，他告诉儿子，其实他的存在带给他这个父亲无限的喜悦与骄傲，尽管他从未称赞他，也少有时间与他相处，但是他是十分爱他的，也以他为荣。

当他说完了这些话，儿子竟然号啕大哭。他对父亲说：他以为他父亲一点也不在乎他，他觉得人生一点价值都没有，他不喜欢自己，恨自己不能讨父亲的欢心，正准备以自杀来结束痛苦的一生，没想到他父亲的一番言语，打开了心结，也救了他一条性命。这位父亲吓得出了一身冷汗，自己差点失去了独生的儿子而不自知。从此这位上司改变了自己的态度，调整了生活的重心，也重建了亲子关系，加强了儿子对自己的信心。就这样，整个家庭因为一条小小的缎带而彻底改观。

送人以缎带，证明你已遗忘了相处中所受的那些委屈和责难，忆起别人给你的快乐和益处。而受你缎带者却更能被你感动，看到你的心灵之美，爱你，助你。学会遗忘，拾起那根缎带送给让你受伤的那个人，他将回报你一片灿烂的阳光。

别与坏心情搭讪

> 世间的活动，缺点虽多，但仍是美好的。
> ——罗丹

心情的好坏是由自己决定的，良好的心态会让你笑口常开，在遇到不如意的事时，你就会换种角度想问题，让快乐始终陪伴自己。

安徒生童话里有这样一个故事：

乡村有一对清贫的老夫妇，有一天他们想把家中唯一值点钱的一匹马拉到市场上去换点更有用的东西。老头牵着马去赶集了，他先与人换得一头母牛，又用母牛去换了一只羊，再用羊换来一只肥鹅，又把鹅换了母鸡，最后用母鸡换了别人的一口袋烂苹果。

在每次交换中，他都想给老伴一个惊喜。

当他扛着大袋子来到一家小酒店歇息时，遇上两个英国人。闲聊中他谈了自己赶集的经过，两个英国人听后哈哈大笑，说他回去准得挨老婆子一顿揍。老头坚称绝对不会，英国人就用一袋金币打赌，二人于是一起回到老头子家中。

老太婆见老头回来了，非常高兴，她兴奋地听着老头讲赶集的经过。每听老头讲到用一种东西换了另一种东西时，她都充满了对老头的钦佩。

她嘴里不时地说着："哦，我们有牛奶了！"

"羊奶也同样好喝。"

"哦，鹅毛多漂亮！"

"哦，我们有鸡蛋吃了。"

最后听到老头子背回一袋已经开始腐烂的苹果时，她同样不愠不恼，大声说："我们今晚就可以吃到苹果馅饼了！"

结果，英国人输掉了一袋金币。

看过故事，你可能才发现老婆子的心情一直都很好，不管老头子用一匹马换来换去，换到最后只换得一袋烂苹果，但她仍然没有生气，反而会说："我们今晚就可以吃到苹果馅饼了！"是的，就算你只能得到烂苹果又有什么关系？心情好才是最重要的。况且，一种好心情收获的是一个意想不到的惊喜，为什么要让自己不高兴？

有个女人习惯每天愁眉苦脸，小小的事情就能引起她的不安和紧张。孩子的成绩不好，会令她一整天忧心，先生几句无心的话会让她黯然神伤。她说："几乎每一件事情，都会在我的心中盘踞很久，造成坏心情，影响生活和工作。"

有一天，她有个重要的会议，但是沮丧的心情却挥之不去，看看镜子里自己的脸庞，竟然无精打采。她打电话问朋友该怎么做？"我的心情沮丧，我的模样憔悴，没有精神，怎么参加重要的会议？"

朋友告诉她："把令你沮丧的事放下，洗把脸把无精打采的愁容洗掉，修饰一下仪容以增强自信，想着自己就是得意快乐的人。注意！装成高兴充满自信的样子，你的心情会好起来。很快地你就会谈笑风生，笑容可掬。"她试着按朋友的话去做，当天晚上她在电话中告诉朋友说："我成功地参加了这次会议，争取到新的计划和工作。我没想到强装信心，信心真的会来；装着好心情，坏心情自然消失。"

人要懂得改变情绪，才能改变思想和行为。思想改变，情绪会跟着改变。

人在心情不好的时候会不自觉地把坏心情抱得更紧；关门不跟人说话，撅着嘴生闷气，锁着眉头胡思乱想，结果心情更坏、更难过。所以，人要学会放下坏心情，拥抱好心情。

我们想拥有好心情，就得从原有的坏心情中解脱，从烦恼的死胡同中走出来。放下心情的包袱，好好检视清楚，看看哪些是事实，把它留下来，设法解决。哪些是垃圾，是给自己制造困扰的想法；把它扔掉，这就能应付自如，带来好心情。

制作一部"调压器"

> 有人笑：瞧，松树被霜雪压弯。我说：不！是它斩断了冰刀。
>
> ——民间名言

一个人生活在这个世界上就要面对压力，在某种程度上压力很必要，有了压力才能有动力。不过压力太大也会对你的心态产生不良影响，因此你也要随时注意自我减压。

现代人从小到大都得承受巨大的压力。小的时候得承受学业的压力，长大了得承受就业的压力、工作的压力、家庭的压力……这些压力一同加在一个人身上，迫使你就像卓别林在电影中表达的在工业时代拧机器上的螺丝一样，一刻不停，甚至连眨一下眼睛都是一种奢望。在这样的生存状态下，许多人的愿望可怜到"只想睡一个好觉"。

有一个在外企工作的人，自称是"睁着眼睛睡觉的人"。他说："别看我每天上下班'的'来'的'去的，吃喝用的都上档次、够水平，可谁又知道，我每天晚上担心得只敢闭着一只眼睛睡觉呢。我在一家美资企业做印刷机销售。年初，洋老板给我们每人定的销售额是3000万人民币（幸好不是dollars）。能完成的，年终奖励30万元人民币（dollars多好）；完不成的，只发11个月的生活费。开完会出来，我们好几个人的内衣都汗湿了。"这位老弟的工作压力可谓大矣！一个季度的时间眼看就要结束了，这位老弟却"战果"不佳，他忧心忡忡地说："不提工作还好，一提工作，横眼一瞄，让人晕得更快。大学同窗有的开公司，有的出国，眼看一个个富得冒油，而我……工作啊工作！

我尽我的一切力量，但你可一定要让我年终闭着双眼睡个踏实觉呀！"

看了他的"自白"，不禁让人心寒。长期这样"睁着眼睛睡觉"，他能顶得住这沉重的压力吗？他实在是应该减减压了。

渴望生活得富足，是人正常的欲望，但不要使这欲望无限地加大。一位美国作家说："在欲望上加一个屋顶。"他指出："欲望的屋顶是自我的提醒，一种与自我设定的轻松、非正式、弹性十足的约定，""要能说出'多未必是好'或'多并不会带给我快乐'、'我已经够了'这类的话，是需要一点智慧的。"这位美国人说，实行这个策略，你会有一个美妙的人生，你的生活会很单纯，而且很好处理，你的压力自然减轻了。那位压力太大的外企员工，应该考虑重新调整一下自己的工作和生活节奏，如果实在完不成定额，就拿那 11 个月的生活费好了，实在不行，换个轻松一点的工作又有何不妥！不要因此而承受沉重的心理压力——人总不能为了那 30 万人民币而永远"睁着眼睛睡觉"。

那么要减压就该先让自己的心态放平一些。

不要一心一意总"瞄"着那些富得冒油的同窗。每个人的能力、机遇不同，立业的大小自然也不同。不要自己给自己加压，非要做个"超人"、"百万富翁"不可。有一句话说得好："如果你想真正地灰心丧气，就把自己的目标制定得高不可攀吧！"另外，为自己量身定做一份属于自己的生活进程表，有劳有逸，健康地生活。还要有一个积极乐观的工作态度。面对压力，不要还没干事，就心理压力过大。你只需尽力去做，做成什么成绩，就是什么成绩，但求问心无愧，不必太苛求自己。

最后就是适当的休息和放松，在你感到疲倦之前就休息。短短的一点休息时间，就能有很强的修补能力，即使只打五分钟的瞌睡，也有助于防止疲劳。美国棒球名将康黎·马克说，每次出赛之前如果他不睡一个午觉的话，到第五局就会觉得筋疲力尽了。爱迪生认为他无穷的精力和耐力，都来自他能随时想睡就睡的习惯。80 岁的亨利·福特健康的秘诀是:"能坐下的时候我决不站着,能躺下的时候我决不坐着。"美国陆军抵抗疲劳的办法是:常常休息,照你心脏做事的办法去做。

放松你的情绪。养成放松的好习惯,任何时候你都能够放松,任何地方你也能够放松。你应该先放松你的肌肉,要使自己像孩子一样,完全没有紧张的感觉。随时放松自己,使你的身体"软得像一只旧袜子"。

还有几种良好的工作方法有助于消除疲劳,减轻压力。

第一种:清理你桌上所有的纸张,只留下和你正要处理的问题有关的物品。

第二种:按事情的重要程度来决定处理事情的先后顺序。

第三种:当你碰到问题时,如果必须做决定,就当场解决,不要迟疑不决。

第四种:学会如何组织、分层管理和监督。

只有学会减压,你才能更好地承受压力做出成绩,千万不要只知道给自己制定高要求、高目标,太大的压力只会压垮你。

快乐至上

一种美好的心情,比十副良药更能解除生理上的疲惫和痛楚。

——马克思

每个人都有心情不好的时候,放任不管,心情就会越来越糟。因此你要多想一些快乐的事,一些积极的事,这样低沉的心就会飞扬起来。

在你的身边,样样都不通,样样都不顺,你就感到心情确实坏透了。

但不通和不顺，来源于何方？不通和不顺，都来自于通和顺。所以说，当你不顺或者不通的时候，你应该高兴了。因为物不可以终通，也当然不可以终不通。假如不顺和不通都出现了，那么，离顺和通已经不远了。

正如文学家所说的：黑暗已经来临，离光明还会远吗？同样道理，不好的心情已经到来，离好心情还会远吗？这个时候，你去洗一个澡，或者去换一套新衣服，或者出游几天，只要你再迈出一步，心情就会好了。

有烦恼不可怕，可怕的是没有认识烦恼的思想和去掉烦恼的方法。

在你心情不好的时候，其实是人生反常的时候。这个时候，也许对正直不利。即或你坚守正道，也得不到任何利益。但你必须坚守正道，等待转机。以人事比拟，这个时候，也许是小人得势，君子被斥。

天地闭塞，畅流断，鸟音绝。冰河底层的鱼儿不再浮头，大地上的鸟儿不再飞翔，正直善良的人们噤若寒蝉……

这个时候，不透明的空间里，罂粟花也许开了，玫瑰也许凋谢了，荆棘也许长高了，乔木也许枯萎了。

可这个时候，你要记住——

鱼儿最好不浮头。鸟儿最好不飞翔。

因为，君子在闭塞的状态之下，应当收敛自己的才华，不可炫耀，以避免小人陷害的灾难。不可追求荣华富贵，以避免遭小人妒忌。

当你心情不好的时候，是你回顾自己，检查自己最好的时机。

黑夜来临，你要把灯捻亮；风雨过后，你要把羽翼梳理；身处低迷，你要检点你的真诚，你的包容，以及你的果断；大度，是你走进别人心里的通行证；能在别人心里做客的人，无论顺境逆境，你都会得到抚慰的。这样，便会少有心情糟糕的时候。

已经是黑夜，白天就在眼前。谁没有辗转过黑夜，谁没有跋涉过冬天？只要你宽容，只要你耐心，好心情与欢乐人生，就像朝阳，会在新的一天出现……

当你心情糟糕的时候，要知道欢乐与爱相依相存。要得到欢乐，就要献出自己的爱心。

被马克思称之为"英国唯物主义和整个现代实验科学的真正始祖"的英国思想家培根曾经说过："其实在没有爱心的地方，熙攘的人群并非伴侣，如流的面孔无非是条画廊，而交口攀谈也不过是铙钹作声。"人类如果没有爱心，那世界将是一片荒野。

要心情舒畅，必须要有友谊。友谊的一个主要作用是宣泄积压的感情，使你心情舒畅。培根说：人可以用菝葜剂疏肝，用铁质丸浚脾，用硫磺粉宣肺，用海狸香通脑，可除真正的朋友外，世上无任何灵丹妙药可以舒心；只有面对知心朋友，人才可能倾吐其忧伤、欢乐、恐惧、希望、猜疑、忠告，以及压在心头的任何感情，这就像一种教门外的世俗忏悔。

过去的帝王也懂得：要有分享者，也要有分忧者。快乐和胜利，需要人来分享，让快乐和胜利更加隆重；痛苦和悲伤，也要人来分忧，让痛苦和悲伤不致深重。

对于老百姓来说——

春种夏收，夜息日作。因应时势，才欢乐。

择善而和，择祥而居。大家全是朋友，才欢乐。

一年四季，雨雾风霜。岁月风云，知变才欢乐。

乐一时，才时时乐。

时时乐，就终不乐。

乐中知不乐，才是常乐。

学会释然

  人们总爱用鲜花、掌声迎接成功者，但须知成功的路上充满坎坷、荆棘、崎岖，有人爱用责怪、嘲笑对待失败者，但须知失败中包藏着希望，孕育着胜利。

——民间名言

  在荷兰首都阿姆斯特丹的一座 15 世纪的教堂废墟上留着一行字：事情是这样的，就不会那样。这句话是告诫我们不要抱怨已经发生的事，而应该学会释然。

  这是一个和释然有关的真实故事，是第二次世界大战期间发生的无数故事中的一个：一位名叫伊莎贝尔·萝琳的女人同时送走了丈夫约翰和侄子杰夫参军去前线。不幸的是 9 个月之后就接到了丈夫约翰的阵亡通知，她伤心至极，如果不是侄子的信，她甚至不知道自己是否还能坚持下去。可是一年半以后的一份电报再次重复了她的不幸：她的侄子杰夫，她唯一的一个亲人也死在战场上了。她无法接受这个事实，决定放弃工作，远离家乡，把自己永远藏在孤独和眼泪之中。

  正当她清理东西，准备辞职的时候，发现了当年侄子杰夫在她丈夫去世时写给她的信。信上这样写道："我知道你会撑过去。当我的父母意外去世时你曾这样对我说。你还告诉我在天堂里的父母会看着我，他们希望我坚强而快乐的生活。我永远不会忘记你曾教导我的：不论在哪里，都要勇敢地面对生活，像真正的男子汉那样。现在，为了我也为了天堂里的约翰，我也要你勇敢地面对这个不幸，别忘了你是我最崇拜的好姑妈，请露出你的微笑，能够承受一切的微笑。"

她流着泪把这封信读了一遍又一遍，似乎杰夫就在她身边，一双炽热的眼睛向她发出疑问：你为什么不照你教导我的去做？

萝琳打消了辞职的念头，并一再对自己说：我应该把悲痛藏在微笑后面，继续生活。因为事情已经是这样了，我没有能力改变它，但我有能力继续生活下去，并且会像侄子希望的那样好。她真的做到了，因为她学会了在无法挽回的损失面前释然。此后她不但积极工作，还把余下的生命时光全部献给了福利事业，帮助了无数更需要帮助的人。

人生是一场单程旅行，一去不返。所以在有限的生命历程里，一定要善待自己的生活，认清自己的实力，从事自己能胜任的工作。避免走这篇故事的主人公的弯路：他在现实生活中是一个极度自卑的人，因为受教育的程度与他现在工作的要求差距很大，有限的知识积累已不能十分胜任这份工作，而且没有一技之长，社会经验和阅历都不甚丰富。他深知自己的缺陷，也尽力去弥补，但总也找不到合适的方法，收效甚微。为此他心理承受了巨大的压力，当看到与自己年龄相仿的朋友一个个都比自己强，甚至比自己年龄小、学历低的人都已超过自己时，他更是急上加急。他想尽了各种办法，比如投入更多的时间看书读报、学英语、上补习班……几乎在他现今能力所能做到的补差方法都做到了，但还是收获不大，工作中还是时常碰壁，他的自卑的情绪更加严重，几乎到了神经崩溃的边缘。无奈之下他只好求助于心理医生。听了他的情况，医生告诉他学习是一项长久坚持的事情，学习的成效与其他事情不一样，效果不是当时就能看得到的，它是一种内在涵养的提高，在生活中只能潜移默化地起作用。

最后医生告诉他一个治疗方法，就是去找一份与自己的学识水平相当的工作，甚至稍低一些会更好。因为相对简单的工作，可以使业余时间加长，而且还可能会干得比现在好，有利于增强自信；如果利用多出来的空闲时光读书学习，会使自己的生活更充实。他照着医生的建议去做了，一年以后，他神采奕奕地站在医生面前，不是来看病，而是来感谢医生。

因为他学会了在无法弥补的缺失面前释然。其实，解决问题的方法很简单，就是使自己处于能解决问题的地方。认清自己，知道自己适合什么，让自己处于最佳的位置。学会用释然驱散生活事业的阴云，就会让自己生活在一片晴空之下。

让释然成为好心态一点也不难，只要你随时能够在不可避免的不如意面前释然；在无法弥补的缺失面前释然；在难以挽回的损失面前释然；在种种只能这样不能那样的事情面前释然。也许，当我们学会释然之后会惊喜地发现，曾令我们困苦不已的阴云已经消散。其实，如果不是我们的心看不开，事情原本就不像我们想象的那么糟糕。

笑着活下去

如果你不学会在麻烦时笑，当你变老时，你不会对任何东西笑。

——爱德华·豪

花一点时间，想想你今天所做的事，尽量记下做的一些不好的事，如：我不敢相信又把钥匙给丢了、错过电影开始的五分钟、买了一件不需要的东西、忘了买三明治的配料、忘了给朋友打电话、忘了带东西给爱人等等。这个时候，你会笑自己吗？

换一个角度，想想看你记不记得这一天当中做了哪些好事。如果你像大多数人，就算想起来一两件，也没有想到的不如意的事情多，那是不是你对自己过于苛责了，不知不觉中又导致了一种负面情绪的产生呢？

你或许会想："哦，每个人都一样嘛！这是人之常情，没什么大不了的。"没错，不幸的是大多数人都是如此，总是将焦点集中在自己犯的错误上。但这并不能改变什么，而且他们忽略了将错误搁在心里的害处有多大，那样不但会觉得有压力、紧张，还会导致自我防卫过严而且冷酷无情。

我们有太多的事要去做，也有太多的错误需要弥补。为了保持平衡，必须给自己一点宽容，接受现实中不完美的一面。如果追求事事皆完美而事实上根本做不到时，就会沮丧，会觉得生活无聊透顶，身边的人也会对你敬而远之。

将焦点集中在自己的过错上，很容易深陷小事的烦恼中，认为自己真是一无是处，世界也毫不可爱：我生来只会做错事。负面的思考带来负面的能量，进而产生负面的行为。你会停留在问题、愤怒与不安的状态中，以后做事会更紧张，也会更吹毛求疵、更自责，也许会更难尽如人意。人有缺点并不可怕，可怕的是因缺点而自卑，因自卑而虐待自己。

当你想到自己做的对的事时，你会将焦点集中在自己好的那一面，你会觉得自己有能力而且潜力无穷，你会多给自己一点机会，容许自己做错事时有改进的空间。

想到自己做的对的事，能让你变成一个更有耐心的人，对你自己或别人都更有耐心，你会想看到人生的积极面，你会知道自己或别人都在尽力而为。总之，接受生活中的不完美，会不再那么紧张、压力过重，好像有人一直跟在身后计分一样。专家的建议是：你在各方面都尽力而为后，就要放手。因为无论你有多努力，都难免会犯一些错误。下次做得不够好的时候，不要严肃地责怪自己：看，你又犯了这毛病，怎么搞的，怎么这么笨，老是学不会，难怪别人不喜欢你！要把责怪转换成笑自己：看你，又以自我为中心了！虽然是很努力了，但下次要更小心点，哈！哈！这样是不是会过得快乐一些！

当然，自我快乐的心态不是与生俱来的，是靠后天自觉自愿的磨砺和修炼得到的。这不仅靠个人努力，也靠生活在自己的圈子里的其他人潜移默化的影响。因为每个人都有自己的小圈子，在这个范围内是自己熟悉的事物和人，是自己所谓的"安全区域"。不知不觉中，像一只背着壳的蜗牛，动不动就把脑袋缩回去。

有的人有一种习惯：每天翻阅相同的几份报纸杂志，他们从来不尝试接受任何不同的观点。在一次科学研究中，科研人员对这种人进行了这样的心理测试：他们请一个政治立场众所周知的人阅读一份报纸的社论。社论的开头的观点与他的观点一致。读到一半的时候，观点突然来了一个180度的急转弯。通过暗藏的摄像机，科研人员发现这位读者的眼睛突然转向该报纸版面的另一部分。这个思想僵化的读者甚至不愿意了解一个不同的观点，因此，他不可能有笑给自己听的幸运，反而可能让别人笑自己。

生活中也一样，只是接受一种风味的菜肴，便永远也体会不到其他菜肴的美妙之处。有的人想都不想就一口咬定"我这个人口重，喜欢吃味浓的食物"，于是他们在清淡的食品端上来的时候，从来都不会考虑夹一点，尝尝看。他们的心目中就坚信一种观念：只有味道重的东西才好吃，味道清淡的东西不用尝，肯定不好吃。这只能算作是过去经验的一种惯性，而成为真理的可能性太小了。记得一个电视剧中的男主人公说不喜欢吃菠萝，其实只是因为这种水果外表很难看。但是当他有一天吃了处理好的菠萝以后却大声称赞："这是什么水果，给我再来一块！"菠萝味道没有变，只不过他以前不愿尝，吃了后，才知道原来它跟想象中的不一样。

人一旦暗示自己喜欢某种东西，便会努力说服自己放弃其他的东西。可是我们根本就没有去尝一尝，又怎么知道不好呢？所以一个不会变换口味的人不会成为美食大师；一个墨守成规的人永远也不会成为一个好的创造者。

人最好不要总把自己局限在一个固定的圈子里，尤其是对周围的环境和人感到不如意的时候。因为那时候你不可能笑。所以聪明人都会让自己在思维观念上和交际、工作中，保持一颗有弹性的心灵，随时关注、接纳新鲜的血液和力量，由此会发现，笑给自己听绝不是一件难事。

再一次"心动"

烦恼与欢喜，成功和失败，仅系于一念之间。

——大仲马

有这样一个例子，一位叫罗丝的女士，有一个幸福的家庭，丈夫疼爱她，女儿喜爱她，她总是觉得自己是世界上最幸福的人。可是，有一天不幸发生了。那天她回到家里，小女儿听到她的开门声和脚步声，急忙从二楼的房间飞奔而出迎接她，像一只快乐的小鸟。她的女儿只顾着高兴，没注意脚下的楼梯，一不小心在楼梯上摔了个跟头，从楼上滚了下来，当时就死了。罗丝悲痛欲绝，整天沉浸在失去女儿的痛苦之中，看到与女儿有关的每一件东西，她都会垂泪，工作和生活都乱糟糟的。有位教会的老太太听说她的情况后前来安慰她，对她说："我自己没有亲生的儿女，但我照顾了很多流落街头的女孩子，她们的健康状况是我最牵挂的，每当她们生病无法医治时，我的难受不小于你，所以我能理解你的心情。现在我年事已高，照料这些孩子已经很吃力了，我恳求你来接手我的工作，将您对女儿的爱转给她们，或许这样能让你忘却自己的忧伤。"

罗丝女士考虑再三后接受了这份工作。忙碌的工作虽然不能使她完全忘记自己的痛楚,但每当看到女童们在她的照顾关爱下健康活泼的样子,她的伤痛就会大大减轻。

当一个人处于一种难以解脱的精神困惑时,从原有的生活环境跳出来,让自己因关注其他的事情而减轻以往不悦的精神,无疑是一个改变心态的良方。

只有"心"变了,属于你的世界才可能有阳光照耀,只有爱博大了,你的生命才更有意义。

我们生活中绝大多数人都在过着一种循规蹈矩的、平平淡淡的日子,这没有什么不好。但为什么我们觉得生活没有什么意思?这是因为我们心灵深处的某些东西受到了压抑,认为也没有什么"临危不惧的英雄本色"、"天降大任于斯人"等诸如此类大显身手的机会,很多人失去了激情与活力,留下的只是一种疲惫懈怠。

作家叶天蔚曾经写过这样一段话:"在我看来,人生最糟糕的境遇不是贫困,不是厄运,而是精神心境处于一种无知无觉的疲惫状态,感动过你的一切不能再感动你,吸引过你的一切不能再吸引你,甚至激怒过你的一切也不能再激怒你,即使是饥饿感和仇恨感,也是一种强烈让人感到存在的东西,但那种疲惫会让人不住地滑向虚无。"

这是一种很可怕的状态,也许你不可能换一种更能激起你热情的工作,也许你更不能去重新组合家庭,但你可以改变心态,给生命画布中适当地增加一些色彩,如红黄蓝,保持住心灵的年轻与弹性。其实生活本身与世界本身都是多姿多彩的,关键是看你有没有一颗善于捕捉的心。

工作地点没变,你可以换换上下班的方式或乘车路线,如你每天骑自行车,今天你可以乘坐公共汽车,观察一下周围匆匆忙忙的各种表情的人群;工作内容没变,但可以换一种方式看看是否提高了效率,或许会得到意想不到的结果；周末是否全家出去看场美国大片；节假日是否狠心去吃顿大餐，体会一下到豪华场所消费的快感；安排些力所能及的旅游项目，去看看秋叶泛黄显红、万里长城的雄伟；试着动手拆装自行车、电视机，看自己是否比你想象中的还要心灵手巧；培养一些适合自己的业余爱好，坚持下去就会发现其乐无穷；搞些可能的投资活动，买点股票……

　　晴天雨雪，酷暑严霜，一日三餐，朝九晚五，也许生活环境难以改变，但你可以改变心情。永远怀着感恩的心情去体验造物主的厚赐，带着积极的心态去体会每一点变化的不同。你有无数种改变可以选择，把一潭波澜不兴的死水变成欢快奔流的小溪。

第九章
钱财身外物,等闲以视之

  有句流行语叫"赚到钱够花,睡到自然醒",在人的欲望当中,金钱占有"显赫"的位置。常言说"君子爱财,取之有道",其实"有道"的同时更须"有度"。有了"有度"的心态,赚钱会更加智慧,花钱会更加理智。

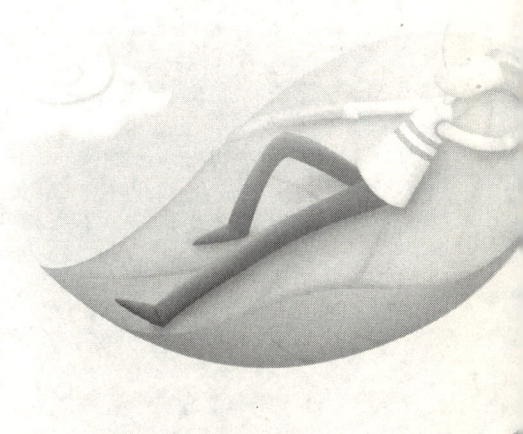

做金钱的"主人",摆脱奴役

如果你把金钱当成上帝,它便会像魔鬼一样折磨你。

——菲尔丁

金钱是创造美好幸福生活的工具。记住!只有你真正地理解了关于金钱的正确观念,你才会积极地以一颗平常心去看待金钱。

钱钟书,是近代一位遐迩闻名、学贯中西的文学大师,他用自己的言行举止告诉人们该怎样对待金钱,什么时候该做金钱的"主人",什么时候该做金钱的"奴隶"。看下面几个故事中钱钟书是如何看待金钱的。

20世纪80年代,美国著名学府普林斯顿大学邀请钱钟书讲学,开价16万美金,并且免费提供他们在美国的一切生活费用,却被钱钟书拒绝了。因为在国内,他还有更重要的事情要做。金钱并不能左右他的事业。

英国一家著名的出版社,得知钱钟书有一本写满了批语的英文大辞典,于是派人远渡重洋,找到钱钟书,愿意以重金买这本书,钱钟书当即回绝:"不卖。"

但是有几次,钱钟书对金钱却"另眼相看"。

1979年冬天,钱钟书收到四册《管锥篇》的8000元稿费。他把钱分装进两个纸袋,对夫人杨绛说:"走,逛商场去!"钱老昂首挺胸,夫人杨绛宛如保镖护驾,一边走还一边提醒她:"注意提防小偷。"

钱老以豁达的心态看待金钱，做金钱的主人，不只体现在以上某些方面。还体现在他不看重金钱，不计较得失地帮助那些有困难的人。

钱老在担任中国社科院院长的职务期间，一次，给他开车的司机因为撞伤行人，找到钱老借医疗费，钱老问明情况，说："需要多少？"司机答："2000元。"钱老说："这样吧，我给你1000元，不算你借，不用还了。"

许多人对钱先生不爱钱的做法很不解，向他请教。

钱老说："我都姓了一辈子钱了，还会迷信钱这个东西吗？"

当前，为数不少的人工作挣钱并非出于对美好生活的愿望，而是出于对穷困潦倒的恐惧，他们认为钱能消除对贫困的恐惧，所以，他们积累了很多的钱，可是没多久，他们更加恐惧。恐惧会失去已得到的钱，不知不觉又回到从前的孤苦之中，甘心情愿地做金钱的奴隶，永远被金钱奴役着。

在一个很大的寺院里面住着一个游方化缘的和尚。有一段时期，这个庙里的香火很盛，经常有人来上供一些好东西。这个和尚因为害怕再过以往那清贫孤苦的日子，就一改初衷，不为佛祖工作了，他要一心一意地为金钱而忙碌。

这个和尚把香客上供给佛祖的各种供品统统偷偷卖掉，积少成多，慢慢地他积攒起一大堆钱。

自从有了这些钱以后，和尚整天疑神疑鬼，无论白天黑夜，他都把这些钱抱在自己的怀里，不敢有一时松懈，生怕丢失或被别人偷走了。无论白天黑夜，他都感到心神不宁，痛苦不堪，直至精神崩溃。

钱是一种力量，但更有力量的是有关理财的技能，是控制金钱的能力。金钱来了又去，但如果你了解钱是如何运转的，你就有了驾驭它的力量。正确地使用金钱，能使金钱更好地为你服务。

一位提着豪华公文包的犹太老人，来到某银行贷款部前，大模大样地坐了下来。

"请问先生，您有什么事情需要我们效劳吗？"贷款部经理一边小心地询问，一边打量着来人的穿着：名贵的西服，昂贵的手表，高档的皮鞋，还有镶着宝石的领带夹子……

"我想借点钱。"

"完全可以，您打算借多少呢？"

"1美元。"

"只借1美元？"贷款部的经理惊愕了。

"我只需要1美元。可以吗？"

"当然，只要你有担保，借多少我们都照办。"

"好吧。"这个犹太人从豪华的公文包里取出一大堆股票、国债、债券等放在桌上："这些做担保可以吗？"

贷款部经理清点了一下，"先生，总共50万美元，做担保足够了，不过先生，您真的只借1美元吗？"

"是的。"犹太老人面无表情地说。

"好吧，到那边办手续吧，年息为6%，只要您付6%的利息，一年后归还，我们就把这些作保的股票和证券还给您……"

"谢谢……"犹太富豪办完手续，准备离去。

一直在一边旁观的银行行长怎么也弄不明白，一个拥有50万美元的富豪，怎么会跑到银行来借1美元呢？

他从后面追了上去，有些窘迫地说："对不起，先生，可以问您一个问题吗？"

"你想问什么？"

"我是这家银行的行长，我实在弄不懂，您拥有50万美元的家当，为什么只借1美元呢？要是您想借40万美元的话，我们也会很乐意为您服务的……"

"好吧，既然你如此热情，我不妨把实情告诉你。我到这儿来，是想办一件事情，可是随身携带的这些票券很碍事，我问过几家金库，要租他们的保险箱，租金都很昂贵，我知道银行的保安很好，所以嘛，就将这些东西以担保的形式寄存在贵行了，由你们替我保管，我还有什么不放心呢！况且利息很便宜，存一年才不过6美分……"

能轻松理财者，必能轻轻松松地控制金钱。这样，赚钱和花钱就变成一件容易的事。不为金钱所累，轻轻松松地做金钱的主人。

钱不在多，够用就行

大凡不亲手挣钱的人，往往不贪财；亲手赚钱的人才有一文想两文。

——柏拉图

钱浓缩着人所有的希望！人之所以在不断创造、在不断进取，是因为看到了钱和钱负载的力量和利益。有了钱，人就有了倾注爱的对象；若失去钱，人不只孤单，更否定了自己。

其实，金钱是一种工具，是很有用也没有用的资源。从古至今，金钱成就了很多人但也毁了很多人。关键之处在于掌握金钱的人如何对待这个身外之物。

人们熟知的美国石油大王洛克菲勒就是一个典型的实例。他出身贫寒，在创业初期，人们都夸他是个好青年。当黄金像贝斯比亚斯火山流出的岩浆似的流进他的金库时，他变得贪婪、冷酷。同时也伤害到宾夕法尼亚州油田地带公民的切身利益——农田被毁,生活不得安宁。有的受害者做出他的木像,亲手将"他"处以绞首之刑。无数充满憎恶和诅咒的威胁信涌进他的办公室。连他的兄弟也十分讨厌他,而特意将儿子的遗骨从洛克菲勒家族的墓园迁到其他地方,并说:"在洛克菲勒支配下的土地内,我的儿子也无法安眠。"

在洛克菲勒53岁时,疾病缠身,人变得像个木乃伊,医生们终于向他宣告了一个可怕的事实:他必须在金钱、烦恼、生命三者中选择其一。这时,他才开始省悟到是贪婪的魔鬼控制了他的身心。他听从了医生的劝告,退休回家,开始学打高尔夫球,上剧院去看喜剧,还常常跟邻居闲聊。经过一段时间的反省,他开始考虑如何将庞大的财产捐给别人。

起初,这并不是一件容易的事,他捐给教会,教会不接受,说那是腐朽的金钱。但他不顾这些,继续热衷于这一事业。听说密歇根湖畔一家学校因资不抵债而被迫关闭,他立即捐出数百万美元而促成如今国际知名的芝加哥大学的诞生。洛克菲勒还创办了不少福利事业,帮助黑人。从那以后,人们渐渐地理解了他,开始用另一种眼光来看他。他造福社会的"天使"行为,不但受到人们的尊敬和爱戴,还给他带来用钱买不到的平静、快乐、健康加高寿,他在53岁时已濒临死亡,结果却以98岁高龄辞世。

洛克菲勒曾让金钱带入另一个轨道,幸运的是他及时让自己回复了神智,得到了重获新生的机会。在他死时,只剩下一张标准石油公司的股票。

生活是需要平衡的,每一个环节都很重要,不能稍有偏废。如果过分贪婪,把握不住必要的尺度,就很容易受到伤害。有一则寓言也从另一个角度阐释了同样的道理:

从前有个特别爱财的国王,一天,他跟神说:"请教给我点金术,让我把伸手所能摸到的都变成金子,我要使我的王宫到处都金碧辉煌。"

神说："好吧。"

于是第二天，国王刚一起床，他伸手摸到的衣服就变成了金子，他高兴得不得了，然后他吃早餐，伸手摸到的牛奶也变成了金子，摸到的面包也变成了金子，这时他觉得有点不舒服了，因为他吃不成早餐，得饿肚子了。他每天上午都要去王宫里的大花园散步，当他走进花园时，他看到一朵红玫瑰开放得非常娇艳，情不自禁地上前抚摸一下，玫瑰花立刻也变成了金子，他感到有点遗憾。这一天里，他只要一伸手，所触摸的任何物品都变成金子，后来，他越来越恐惧，吓得不敢伸手了，他已经饿了一天了。到了晚上，他最喜欢的小女儿来拜见他，他拼命喊着不让女儿过来，可是天真活泼的女儿仍然像往常一样径直跑到父亲身边伸出双臂来拥抱他，结果女儿变成了一尊金像。

这时国王大哭起来，他再也不想要这个点金术了，他跑到神那里，跟神祈求："神啊，请宽恕我吧，我再也不贪恋金子了，请把我心爱的女儿还给我吧！"

神说："那好吧，你去河里把你的手洗干净。"

国王马上到河边拼命地搓洗双手，然后赶快跑去拥抱女儿，女儿又变回了天真活泼的模样。

汤玛斯·富勒说："满足不在于多加燃料，而在于减少火苗，不在于积累财富，而在于减少欲念。"

再多的金钱也买不来快乐，反而会让你越活越累，何苦如此呢？放弃对金钱的贪念吧，你会因此得到更多的快乐！

少一点贪念，多一份幸福

欲望越小，人生就越幸福。

——托尔斯泰

一个人如果欲望太多，他就会变得越贪婪，一个永不知足的人是无法感受到幸福的。

人，饥而欲食，渴而欲饮，寒而欲衣，劳而欲息。幸福与人的基本生存需要是不可分离的。人们在现实中感受或意识到的幸福，通常表现为自身需要的满足状态。人的生存和发展的需要得到了满足，便会产生内在的幸福感。幸福感是一种心满意足的状态，植根于人的需求对象的土壤里。

然而，很多人都是希望自己拥有的再多一些，从来没有满足的时候。民间流传着一首《十不足诗》：

终日奔忙为了饥，才得饱食又思衣，冬穿绫罗夏穿纱，堂前缺少美貌妻，娶下三妻并四妾，又怕无官受人欺，四品三品嫌官小，又想面南做皇帝，一朝登了金銮殿，却慕神仙下象棋，洞宾与他把棋下，又问哪有上天梯，若非此人大限到，上到九天还嫌低。

这首诗对那些贪心不足者的恶性发展写得淋漓尽致。物欲太盛造成的灵魂变态就是永不知足，没有家产想家产，有了家产想当官，当了小官想大官，当了大官想成仙……精神上永无宁静，永无快乐。

在陕西南部山区有一位还未脱贫的农民，他常年住的是漆黑的窑洞，顿顿吃的是玉米、土豆，家里最值钱的东西就是一个盛面的柜子。

可他整天无忧无虑,早上唱着山歌去干活,太阳落山又唱着山歌走回家。别人都不明白,他整天乐什么呢?

他说:"我渴了有水喝,饿了有饭吃,夏天住在窑洞里不用电扇,冬天热乎乎的炕头胜过暖气,日子过得美极了!"

这位农民物质上并不富裕,但他却由衷地感到幸福。这是因为他没有太多的欲望,从不为自己欠缺的东西而苦恼的缘故。

与这个农民相反的是一个卖服装的商人。这个商人有很多钱,但他却终日愁眉不展,睡不好觉。细心的妻子对丈夫的郁闷看在眼里,急在心上,她不忍丈夫这样被烦恼折磨,就建议他去找心理医生看看,于是他前往医院去看心理医生。

医生见他双眼布满血丝,便问他:"怎么了,是不是受失眠所苦?"服装商人说:"是呀,真叫人痛苦不堪。"心理医生开导他说:"别急,这不是什么大毛病!你回去后如果睡不着就数数绵羊吧!"服装商人道谢后离去了。

一个星期之后,他又出现在心理医生的诊室里。他双眼又红又肿,精神更加颓丧了,心理医生复诊时非常吃惊地说:"你是照我的话去做的吗?"服装商人委屈地回答说:"当然是啊!还数到三万多只呢!"心理医生又问:"数了这么多,难道还没有一点睡意?"服装商人答:"本来是困极了,但一想到三万多只绵羊有多少毛呀,不剪岂不可惜?"心理医生于是说:"那剪完不就可以睡了?"服装商人叹了口气说:"但头疼的问题又来了,这三万只羊的羊毛所制成的毛衣,现在要去哪儿找买主呀?一想到这,我就睡不着了!"

这个服装商人就是生活中高压人群的真实写照,他们被种种欲望驱赶着跑来跑去,疲乏至极,每天睁开眼睛想到的是金钱,闭上眼睛又谋划着权力,日复一日,年复一年。这样的人怎么会享受到幸福呢?

有些欲望是自然而必要的,有些欲望是非自然而不必要的,前者包括面包和水,后者就是指权势欲和金钱欲等等,人不可能抛弃名利，完全满足于清淡生活，但对那些不必要的欲望，至少应当有所节制。

一个人的欲望越多，他所受到的限制就越大，一个人的欲望越少，他就会越自由、越幸福。

别让利欲堵塞心窍

一个人光溜溜的到这个世界来，最后光溜溜的离开这个世界而去，彻底想起来，名利都是身外物，只有尽一人的心力，使社会上的人多得他工作的裨益，是人生最愉快的事情。

——邹韬奋

很多人总是把得失看得太重，把名利看得太重，期望自己位高权重，期望能拥有万贯家财，这样通常会备受名利折磨，轻者身心劳累，重者害人害己。

生活中，很多人拥有金钱，但却没有快乐，他们对金钱垂涎欲滴。整日挖空心思、千方百计想要得到它的人，恐怕永远也不会快乐而且身心劳累。四大吝啬鬼之一的严监生，都快死了，已经讲不出话来了，还是大瞪着两眼，直竖着两根指头不肯咽气。像他这样的人，绞尽了脑汁，"辛苦"经营了一辈子，挣下了万贯的家财，本来是可以带着"成就感"心满意足地去了，可是他却死活不肯咽下最后一口气。旁边的族人皆不明白严监生直竖的两根指头到底是什么意思，最后还是他的小儿媳妇机灵，因为她发现严监生的两眼死死地瞪着桌旁的油灯。油灯里燃着两根灯草，严监生伸着两根指头不就是不满意燃着的两根灯草吗？

按照严家的规矩，本着"节俭"的原则，应该熄掉一根灯草才是。于是小儿媳妇赶紧跑过去熄掉了一根灯草。这招真是灵验，一根灯草刚熄，严监生就咽气了。

　　世上类似于严监生这样临死还被自己无尽的贪欲折磨着的人虽然不多，但是为了名，为了利，整日处心积虑，乃至不择手段的人实在是太多了。得到了名利也许能给你短暂的满足和快乐，然而名利如浮云，你能够得到它，也会不留一丝痕迹地失去它。生命对每一个人来说就是单程旅行，没有回头路可走，所以，尽量使自己的灵魂沉浸在轻松、自在的状态，这是最好不过的。

　　严监生还只是小贪，胡长清之流却是大贪。胡长清，身居副省长之要职，却嫌副省长之名太过严肃，也想附庸风雅，来个青史留名。他觉得作为一个领导，到哪儿都少不了给人家题词，这可是留下墨宝、青史留名的好机会，于是他在这方面下起工夫来。社会上不少善于钻营溜须拍马之人摸透了胡长清的心思，在付出了极大的代价讨得胡副省长的"墨宝"之后赞不绝口，弄得胡长清飘飘然起来，还真以为他胡长清除了当副省长之外还应该至少当个书法家协会副理事长才行。更为可笑的是，痴于虚名到了极点的胡长清，在锒铛入狱之后，得知自己罪大恶极，民愤极大，不久就要被枪毙，还跪在狱警面前，痛哭流涕地对狱警说他不想死，他愿意坐牢，在牢中他会给狱警们写书法，让狱警们拿着他的"墨宝"去卖个好价钱。瞧，贪得无厌的胡长清，死到临头了还在做梦。他不知道，自他犯事之日起，他以前所有留下的"墨宝"，早不知让别人扔到哪个垃圾堆里去了。可叹一个胡长清，好不容易当上了副省长，却怎么也摆脱不了自己无尽欲望的控制，要钱不怕多，要名嫌名小，最终落得个遗臭万年的可悲下场。

　　人人都有名利之心，这是不可避免的，但是一个人要求富贵，必须得之有道，持之有度。就生活的价值而言，如果我们能够体味人生的酸甜苦辣，没有虚度时光，心灵从容充实，则不管我们是贫是富皆可以满意了。

　　富贵荣华生不带来，死不带走。如果我们看破了这一点，对于世间的荣华富贵不执著和贪恋，那么我们的心胸自然就会平静如水。

　　有些人总是费尽心机地追逐金钱和地位，一旦愿望实现不了，便口出怨言，甚至生出不良之心，采用不义手段来为自己谋利，到头来还会因此害了自己，庄子曾说过："不为轩冕肆志，不为穷约趋俗，其乐彼与此同，故无忧而已矣。"这句话大意是说那些不追求官爵的人，不会因为高官厚禄而沾沾自喜，也不会因为穷困潦倒、前途无望而趋炎附势、随波逐流，在荣辱面前一样达观，所以他也就无所谓忧愁。庄子主张"至誉无誉"。在他看来，最大的荣誉就是没有荣誉。他把荣誉看得很淡，他认为，名誉、地位、声望都算不了什么。尽管庄子的"无欲"、"无誉"观有许多偏激之处，但是当我们为官爵所累、为金钱所累的时候，何不从庄子的训喻中发掘一点值得借鉴的东西呢？

　　其实人活着就是为了享受快乐，但生活中很多人由于贪心过重，为外物所役使，终日奔波于名利场中，每天抑郁沉闷，不知人生之乐，所以我们不妨花点时间，平心静气地审视一下自己，是否在心中藏着许多欲求而不可得的小秘密，是否常常被这些或名或利的欲望搅得心烦意乱。心中有点小秘密是正常的，因为每个人总会有着这样或那样的欲求，只不过有的人懂得如何正确地面对这些或者正当或者不正当的欲求：正当的欲求，他会尽量去满足，实在凭自己的能力满足不了的，他也会平心静气地面对这样的事实；不正当的欲求，他会为此而感到内疚，感到惭愧，会在心底检讨自己，不会发展到为了这样的欲求而不择手段的地步。但也有人不会控制自己的名利之心，结果贻误了自己，毁了自己的一生。

钱带不进棺材！

以功利的眼光去看整个世界，没有任何东西是珍贵的。

——歌德

很多人说："只有富有了，有钱了，才能买到很多东西，才会感到扬眉吐气和真正的幸福！"这些人上学读书，只是为了毕业出来后找份高薪的工作，他们工作了，赚了钱，就可以支付用餐的昂贵费用、各种各样的账单，买更好的房子和足以炫耀的车子，娶到家境好一点的漂亮女人。在这些人的人生目标中，只有有了钱才能算得上幸福的基本合格。但是如果你觉得自己现在不够幸福，并希望有朝一日能通过金钱让自己幸福起来的话，那么这种希望只能是水中月，镜中花。早晚你会沉溺于对物欲的贪婪和追求并深陷其中而迷失自我。对待金钱，正确的观念是：把幸福和财富的顺序颠倒过来，告诉自己："如果我是幸福的，我就能拥有获得财富的机会！"要知道，金钱是永远没有资格和幸福画等号的。

平心而论，金钱确实是可以给人带来快乐的一种强大的力量，但当我们不能正常对待它的时候，当我们对物欲追求永无止境时，它给予我们的只能是烦恼。哲学家史威夫特说过"金钱就是自由，但是大量的财富却是桎梏"。看看作为现代人的你的精彩生活吧：为了体会富有的感觉，你花了许多钱去购买各种各样的也许这一辈子都用不上的物品，并把它们保存起来。可是与此同时你也越来越害怕失去它们，不得不为它们看家护院。本来是让物品来为你服务，可现在你却成了保护它们的奴隶。看看，这岂不是很可笑吗？也正是因为这种压力，凶狠地夺走了你获得更多快乐更多享受甚至是更多财富的机会。这就是得不偿失的具体表现形式。消耗金钱的有效途径就是购买大量的东西。人们往往不觉得损失了什么还为自己能买得起这么多东西而洋洋得意呢！殊不知，这些物品摆明了除了做负担外没有其他的用途。所谓的负担有这样一种特性：它不但自身会不断繁殖压力，同时还会带来各种各样变化了的新负担。你买东西花掉的钱成了死钱，就再也无法创造新的财富了，为了再次让自己积极地投入到赚钱的大军当中并且希望别人再次看到和夸耀、羡慕你的富有，就必须再来一次艰苦的原始积累过程，重新下更大精力和气力去赚钱，然后再次购买给你带来无穷无尽的麻烦的东西，由此而形成恶性循环。这种态势一旦形成，你会感到压力似乎是"子子孙孙无穷匮"地铺天盖地般狂袭而来了。试问，在这样的生活中你能够感受到幸福快乐吗？金钱为了物品而死去，再生的循环体系就此中断了。你也就为金钱所累不得不年复一年日复一日地给它当长工，扛长活了。可见，从现在开始马上着手清理你头脑中的物质欲望对于改善你的经济状况，改善你的人生努力方向和对幸福一词的理解都是具有相当重要的作用的。

　　还有一个重要方面，金钱也不是万能的，它带给你的也不过仅仅是种物质的满足。有太多太多的东西是金钱买不来的。曾经见过有些享受得起世间号称极品物质的快乐的人们却患精神病而崩溃；也曾看见有些富得能买一个小国的富翁感叹道花再多的钱也买不来片刻的心情安定。这些人也许永远也无法想通钱不是万能的，也永远相信没有钱的那天一定是上天带来的世界末日，所以老老实实地恪守自己守财奴的本分，所以当穷苦人来向他们祈求布施的时候，不同性别的葛朗台们该是多么的愤怒啊！

　　然而金钱果然不是万能的，它有时会要了你的命，因为人们心中都有一本"贪"字经。

有个富翁在激流中翻了船，爬到溪间的石头上大喊救命。

一个年轻人奋不顾身地荡舟去救他，但是山洪下泻而渐涨的湍流，使他的船行进得非常缓慢。

"快呀！"富翁高喊，"如果你救了我，我送你一千块！"

船仍然移动缓慢。

"用力划啊！如果你划到，我给你两千块！"

青年奋力地划着，但是既要向前，又要抗拒水流的阻力，船速仍然难以加快！

"水在涨，你用力呀！"富翁嘶声喊着，"我给你五千块！"说时洪流已经快淹没他站立的地方。

青年的船缓缓靠近，但仍然嫌慢。

"我给你一万块，拼命用力呀！"富翁的脚已经淹在水中了。

但是船速反倒变慢了。

"我给你五万……"富翁的话还没说完，已经被一个大浪打下岩石，转眼卷入洪流，失去了踪影。

青年颓丧地回到岸上，蒙头痛哭：

"我当初只想到救他一命，但是他却说要送我钱，而且一次又一次地增加。我心想，只要划慢一点点，就可能多几万块的收入，哪里知道，就因为慢了这么一下，使他被水冲走，是我害死了他啊！"青年捶着头，"但是当我心里只有义，而没有想到利的时候，他为什么要说给我钱呢？"

迷恋金钱的人只要想到钱，似乎就会失去平常的理智。钱关难过。千百年来的历史证明，谁不做金钱的主人，谁就会变成金钱的奴隶。

谁不能成功地控制金钱，谁就会被金钱所控制，丧失自己。

那么，在这个充满压力与竞争的时代，我们应该以怎样的心境去对待让我们又爱又恨的金钱呢？

这个故事并不是要人们去学习老人那种看起来似乎是"有福不享"

的守财奴行径，也不是让你干什么都不能沾上铜臭味，毕竟还是要生存的对吧。而是说，对待金钱，要泰然处之，不要把钱看得太重，不要把金钱的缺乏当作巨大的压力。如果金钱被囤积起来，无疑就是一堆废铜烂铁，而你每天也只能吃得下胃口能装得下的东西，睡一张床。但是，在这个毕竟以金钱多少作为衡量一个人是否成功的时代，你要学会努力赚钱，并且体味成功。不过要注意的是，让金钱发挥它的作用，让它帮助你得到幸福生活的条件，而不是成为生活上的负担！

以下是对待金钱的有效方法，学会运用它，你的生活会变得轻松起来。

①不要预支未来钱

不要贷款搞昂贵的投资，一旦你运气不好很容易负债累累，从而变成金钱和银行的打工仔。

②用现金支付

如果客人都用信用卡结账的话，连锁店简直要乐疯了，因为顾客不用现金结账时，他们平均要花掉双倍的钱。钱包其实是观察个人经济状况最简单的方式。许多富人（甚至是一些银行家）都是坚定的现金支付者，尽管他们不断地在为信用卡做广告。鼓鼓的钱包能带给你富有的美妙感觉，而且它永远不会透支。

③简化你的生活方式

你时刻要注意节俭。将大宗的采购计划先搁置在一边、购买物美价廉的生活用品、不再去餐馆吃饭、不再乘出租车、换一辆小点儿的汽车。总之，放弃所有奢侈的习惯，让自己进入过于平常的日子，这样会给你省下很大一笔财富。

④不要习惯于"赤字"的出现

你现在就要让自己摆脱债务的漩涡。谁一开始就对贷款司空见惯的话，谁就会对收支管理越来越不关心，直至被卷入债务漩涡不能自拔。记住：越早脱身越好！

⑤不要把银行视为敌人

不愿正视所面临的问题，不打开装有账单和银行结账单的信封，这些都于事无补。你应当同你的银行顾问一同制订一个切合实际的计划来偿还债务，没有人会像银行一样对类似的计划感兴趣。你不应该每月到银行一点点地去支付，而应尽可能多地偿还你的债务。

如果你对咨询过程中提到的某些事情没有完全理解，一定要反复询问及对付狡猾的银行顾问的基本原则就是：提问，提问，再提问！你必须对你贷款和账户方面的一切都了解透彻，直至每一个细节。如果有什么疑问，不妨请一位懂行的朋友或是你的税务顾问同你一道去咨询。

⑥一分钱掰成两半花

大多数辛苦的上班族会认为，增加收入要比减少开支更重要。其实不然，那些管理金钱的能手都是两者兼顾的。就算你有不错的工作和可观的收入，也不要以过度的花销作为对自己的奖赏。在购物方面你还是应该和以往并不富裕的时候一样，尽量通过节俭为自己积累财富。否则你就会陷入可怕的泥坑。

⑦捐一些钱

你会有这样一种心理：在你捐钱给需要它的人时，你会觉得自己富有。你在捐赠之后会提醒自己，在经济方面保持克制。

如果你吝啬的像个守财奴，你的过度的利己主义会让你受到自身道德意识的惩罚，而当你捐钱给别人时，你会感到自己是一个真正富有的人——这种感觉是无价的。

⑧正确看待你的经济现状

你会觉得生活在和你作对、金钱在和你做对。有时你会这样看问题：金钱到处流，就是流不到你身边。

把自己视为生活的导演，而不是生活的牺牲品。任何时候都保持一种淡然的态度来对待金钱，你会发现，生活原来是如此轻松，你终于有时间去享受美好的生活了。

总而言之，你如果要做一个快乐的人，一定要记住：金钱不是万能的，不是权力甚至不是任何东西，只是用来达到目的一种工具罢了。若你不注意发展你的人格而只注意赚钱，那么，即使拥有全世界银行金库里的钱也不能买到你的快乐！金钱变为你的生活目的时，怕连你的生活也要保不住了。这个时候，你不放弃生活，生活也会放弃你！所以，不要让金钱带来的压力"连累"你吧！

君子爱财，取之以道

一个伟人享有多高的荣誉，完全取决于他争取荣誉时所采用的方式。

——拉罗什富科

不少人对名利太过热衷，他们甚至不分是非、不计尊严地去夺取，置社会公德于不顾地去践踏别人的利益，不惜让人唾弃。这种人是可悲的。只有见利让利，处名让名，以一副淡雅、低调的心态面对名利的纷扰，才是做人的最佳姿态。

面对名利，就要做让利的君子，而不是得利的小人。名誉对于每个人的诱惑都是很强烈的，这就要看一个人的定力和修养如何了。历史上真正对名利拿得起放得下、知道急流勇退保命安生的，要数范蠡了。他在助越王勾践灭吴之后，认为"大名之下，难以久居，且勾践为人可以共患难，难以同富贵"，就放弃了上将军的大名和"分国而有之"的大利，隐退于齐，改名换姓，耕于海畔，父子共力，后居然"致产十万"，受齐人之尊，拜为卿相后以为"久受尊名，不祥"，就呈缴相印，尽归其财，隐居而从事耕畜，经营商贸，积资数万，安享天年。

另一个共扶勾践成就大业的文种，因为贪恋富贵功名而不听范蠡的劝告，结果果然死在勾践的手里。所以，争名夺利实际上吃亏受害的还是自己，而淡泊名利的却福利双全，可以走向更大的成功。

三国时期的大枭雄曹操很注意接班人的选择。长子曹丕虽为太子，但幼子曹植更有才华，文采更是名满天下，曹操有易储的念头。曹丕得知消息，问他的贴身官员该怎么办。对方回答说："愿你有德性和度量，像个寒士一样做事，兢兢业业不要违背做儿子的礼教，也就这样了。"

有一次曹操率军出门征战，曹植朗诵自己的歌功颂德的文章讨父亲欢心，从而显示自己的才能，而曹丕只伏地而泣，跪地不起，一句话也说不出。问他为何，他便哽咽说："父亲年事已高，还要挂帅亲征，作为儿子心里又担忧又难过。所以说不出话来。"一言既出，满朝默然，都为太子如此仁孝而感动。反过来大家倒觉得曹植只知为己扬名，未免华而不实，有悖人子之孝道，作为一国之君，恐怕难以胜任。毕竟写文章不能代替道德和治国才能，结果曹丕还是被定为太子。可是曹植不吸取教训，不收敛锋芒，不放低自己的姿态，仍然高调地结交名士，以名炫世，最终被曹丕置于死地。

因此，处世低调的人知道在"名利"二字面前揣摩思量，适可而止，有所节制，懂得适度的可贵。"过犹不及"在此仍然适用。太热衷于追名逐利，不仅得不到任何的好处，最终难免会竹篮打水一场空。

如今有不少的机关单位作风懒散不思进取，一杯茶，一张报纸，一根香烟，伴以闲聊胡侃，常常生出种种是非。

某单位晋级评职称，中级职称的指标让科长占去了5个，只留了一个给工作业绩最好的职工。而有6个职工符合要求，其中有3人是同一年份正式入编的，余下的3人则是晚一届。如果按照论资排辈的铁律，这一个指标要在前三位中选一个。这3人之中有一个硕士毕业；有一个学术论文比较多，发表的期刊级别较高；第三个人则一切平平，除了年限到了之外，再无任何优势可言。

第三个人当然也想得到，争了一段时间，眼看毫无指望，便偃旗息鼓，不再争了。第一、第二个人相执不下，但第一位不仅学历较高，且与一位局长私交甚深，还人前人后拼命活动，最后当然得到了指标。消息刚传出来，评上中级职称的员工竟然当着众人面大骂那个与她争评职称的同事。对此，大家自然议论纷纷，除了说她缺乏教养外，更看不起她那种得便宜又耍无赖的面孔。结果，此人的口碑陡然变得很坏。而其他四位，第二年都顺顺当当评上了。那位前一年没评上并获得广泛同情的员工吃了多少亏呢？一年的工资差，不过是几百元左右。倒是那位最先评上职称的员工却因争名夺利对同事恶语相加，丧失了人格和名誉，这损失岂是区区几百元钱所能赎回来的呢？

凡是磨炼心性、提高道德修养、行事低调的人，必须有木石一样坚韧的意志。低调做人必须要拥有有一种宛如行云流水般的淡泊胸怀，假如有贪恋功名利禄的念头，就会陷入危机四伏的险地，终将导致身败名裂的悲惨下场。

以"一技之长"挖金淘宝

何以称英雄？识以领其先。

——袁枚

一些有声誉的老店和一些名牌商店，消费者对它产生了信任感，店里的商品价格可以定高一些。这样既提高了商品的价格，也提高了商品的声望。

美国亚利桑那州大峡谷沙漠中有一家麦当劳的分店,游人都喜欢在这里解决肚子问题,其实这儿的价格比其他地方的麦当劳连锁店高出一大截,正如店家标榜的"本店价格最贵",但人们并不在乎,因为此"贵"非彼"贵",其贵在有理,且看店堂里醒目的"诚告顾客":

由于本地常常缺水,所需用水需从96公里以外运来,其费用是常规的25倍,为吸引顾客,我们需支付较其他地方高得多的工资,为了在旅游淡季亦能正常营业,本店还得随季节亏损,又由于远离城市,地处偏僻,本店的原料运输昂贵,所有这些因素使本店的价格昂贵,但我们为的是向您提供服务,相信会理解这一点。

话说到这个份上,理由再明白不过了。游人尽管吃着"最贵"的汉堡包、热咖啡、土豆条,但没人有被"宰"的感觉,反之觉得钱花得"值",其实,这里定价贵的最根本的原因还在于麦当劳本身的魅力。1996年美国十大商标中麦当劳超过了可口可乐得第一位。本来以麦当劳"世界各地一模一样"的宗旨,它不应该在地理位置较差的地方提供同样服务而收取更高的价格,这个例外最根本之处是它本身的声誉,这也体现了美国人的精明之处,也是麦当劳之所以敢于宣称"有教堂的地方就有麦当劳"的原因。

社会的发展日新月异,人的消费意识和消费品味也趋于从大众化走向个性化。以自己独具个性的产品适合消费者的个性消费,这已是摆在新世纪经商者面前回避不了的课题。所谓个性产品,就是要为自己的产品制造"人无我有"的营销氛围。

在"人无我有"的意识上,再往下引申,那就是为赚钱敢于为他人不为,做他人不做。

现在的商战,就是快鱼吃慢鱼,只要你想得比别人早,动作比别人快,你就能够获得成功!

机会处处都在，只是有些人不敢去想，有些人不敢去做。因此，有的人去想了，也去做了，所以他们成功了。

2002年韩日世界杯开战前，当韩国商人指望赚中国球迷的钱时，有一个中国球迷却异想天开，要赚韩元。2002年6月底，他携女友从韩国看球归来时，果真带回1亿多韩元，约合人民币100余万元。看"世界杯"，竟然让他成了百万富翁！

这个不同寻常的小伙子名叫蒋超。

刚满30岁的蒋超是湖南长沙一家电脑公司的销售员。蒋超想，世界杯召开之际，一定有很多商机，但是走许多人想到的发财之路，很难发财，一定要赚别人想不到的钱。

蒋超和女友随旅行团来到了韩国。有心赚韩元的蒋超，果断决定不同女友一起去西归浦看中国队的比赛，而是选择了前往韩国队首场比赛的地点——釜山。

蒋超独自来到釜山。他发现当地商人在出售价格便宜的铜制"大力神杯"。蒋超心中一动：这种铜制品又贵又沉，自己何不用塑料泡沫仿制呢？这样，又便宜又能带入赛场，这样球迷们肯定更喜欢。

说干就干，第二天一大早，蒋超就买回了原料和工具，在宾馆里做起了他的"大力神杯"，做完后用金粉一刷，嘿，还真像那么回事！兴奋之下，他没日没夜地赶工，韩国队与波兰队的比赛开始前，他已经赶制出了152只漂亮的"大力神杯"。

比赛当天，蒋超将这些"大力神杯"拉到了釜山体育场的入口处叫卖，每只1万韩元。但无人问津，蒋超在心里默默祈祷：韩国队，只有你们赢了，我的这些产品才卖得出去啊！

开赛第25分钟，韩国先入一球，体育场内顿时欢声雷动，蒋超凭直觉感到韩国队今天会大胜，便立刻叫雇来的那个人火速去收购商场里的韩国国旗，一共买到了1000余面。蒋超决心放胆赌上一把。

比赛的结果韩国队以2:0干脆利落地击败了波兰队，极度兴奋的韩国球迷们冲出球场，大肆庆祝韩国队的胜利。这时，蒋超摆放在那儿的韩国国旗和"大力神杯"顿时成了抢手货，它们很快便被抢购一空。兴奋的球迷们甚至连价格都不问，拿了东西丢下10万、20万韩元就走。当天夜里，在韩国人排山倒海的欢呼声中，疲惫不堪的蒋超开始盘算他的收益：扣除各项成本，他净赚1000万韩元（约合7万元人民币）。

首战告捷，更坚定了蒋超"赚韩元"的信心。第二天，蒋超立马赶赴韩国队第二轮比赛的城市大丘。在他的鼓动下，女友也改变了原来的游览计划，赶来大丘与他会合。两人夜以继日地赶制塑料泡沫"大力神杯"。眼见韩国队荷兰籍主教练希丁克在韩国的威信日升，精明的蒋超不仅定制了荷兰国旗，还特意找当地人印制了希丁克的画像。他的成本价才25韩元的"大力神杯"，最高甚至卖到了15万韩元一只。

蒋超和女友收获最大的还是在仁川，这次他们多了个心眼，赛前仅出售了一半带来的"大力神杯"和韩、荷两国国旗。他们决定把另一半生意做到比赛现场。

这次比赛，韩国队击败了夺冠大热门葡萄牙队。看台上的韩国人都疯狂起来了。蒋超和女友仅在现场批发、零售希丁克的画像就赚了2000万韩元。

赛后，首次冲进16强的韩国人足足庆祝了三天三夜，而这三天三夜的庆祝又带给了蒋超他们上千万韩元的进账！韩国队八分之一决赛的对手，是曾三夺世界杯的老牌劲旅意大利队。除了韩国人自己，几乎没有人相信韩国队能过这一关。这一次连蒋超也犹豫了。他关在宾馆里反复观看了两队在小组赛的录像。最后，他得出一个让女友都极力反对的结论：韩国队很可能爆冷门战胜意大利队。蒋超决定再赌一把。他收购了赛场所在地大田市场所有商场的"大力神杯"仿制品，同时，自己雇用工人连夜赶制他的得意之作——塑料泡沫"大力神杯"。最后他又动起了脑筋，联想到朝鲜队曾经在 1966 年以 1∶0 击败过意大利队，而韩朝统一的呼声日盛，那么 1966 again（意译为"再现 1966 年的奇迹"），一定可以赢得韩、朝两国人民的认可。蒋超当即跑去找人印制了印有 1966 again 的旗帜。事实证明这一招非常成功！赛场里，民族情绪空前高涨的韩国人手里挥舞从蒋超那儿买来的巨幅旗帜和"大力神杯"，又跳又叫的场面让全世界的观众都为之动容。

当比赛进行到最后一分钟，韩国队奇迹般地打进扳平的一球时，全场观众山呼海啸般地喊起了"1966again"，他们疯狂地挥舞着"大力神杯"和"韩国国旗"，连在现场观战的韩国总统金大中，也忘情地挥舞着一只仿制的"大力神杯"。让蒋超倍感骄傲的是，这只"金杯"正是金大中总统的侍从赛前临时以 12 万韩元的价钱，从他的手中购得的！

在韩国队与德国队进行半决赛时，蒋超又别出心裁地卖起了希丁克的塑像。赛场外，希丁克塑像遭到哄抢，最高卖到 8 万韩元一只。最让蒋超吃惊的是，三四名决赛后，现场大屏幕上韩国总统金大中手中居然又拿着一件他的作品——希丁克石膏塑像！

2002 年 6 月底，蒋超和女友回到湖南，带回来的竟然是 1 亿多韩元，折合成人民币有 100 余万元。看球看成了百万富翁，真是令人惊叹不已！

蒋超在接受记者采访时感叹："其实世界杯为所有的人都提供了商业契机，只是我们中间的绝大多数人不敢去想、不敢去做而已！"

许多人都认为，能否获得机会，主要是看运气的好坏。固然，运气的基本要素是偶然性，但它对于任何人都是一视同仁的。也就是说，所有的人"交好运"的可能性一样多，在机会面前人人平等。关键在于有的人把握了，有的人没有把握。如果说好运和机会有什么偏爱的话，那就是爱因斯坦所说的，它只偏爱有准备的头脑。

争当第一个吃螃蟹的创业者，就是要敢于去尝试创新，敢于利用自己的特点，找出适合自己或企业发展的路；而且还要敢为天下先，永争第一。相反，如果不敢自己尝试创新，等看到别人成功后才步人后尘，企图分一杯羹，许多情况下只会有别人捡了西瓜我捡芝麻的结局。

"钱生钱"的秘诀

益知天下事当于大处着眼，小处下手。

——曾国藩

我们要记住，钱是可以生钱的，因此不可以轻视小钱，因为经过良好的运作，小钱同样可以做成大生意。

如果现在给你5000元人民币，让你在寸土寸金的闹市区盖起一栋大楼，你一定会认为是天方夜谭，这点小钱怎么可能做成大事?！不过有一个人就凭着这点小钱创造了奇迹。

王君怀揣着5000元人民币只身闯广东，现在，面对平地而起的广厦千万间，像面对生日宴会上的蛋糕。他踌躇满志地开始切蛋糕了：留两层自用足矣；一至四层出租，每年坐收租金500万元；其余十层全部售出，获购房款4000余万元。除去各种费用，他还净赚2000万元。

高楼万丈平地起，王君用的是巧办法。王君初闯广东，适逢房地产热，地价疯涨，要想建房，要么花大价钱买地皮自建，要么出资与当地人合建，然后分成。真可谓：有钱出钱，有地出地，没钱没地靠边稍息。王君没钱又没地，可是他不愿靠边稍息，他想到了租地。

于是，他骑着自行车，到处找可租之地，终于找到了一家即将迁往城外的工厂。王君提出，租地 70 年，建巴蜀大厦，建成后，每年交厂方 11 万元。他特地向厂方强调："租期内你们将收入 770 万元。"厂方听说 770 万的租金，比卖地还多不少的钱，挺划算的，很快就拍板同意了。

这是王君下的一招妙棋：第一，租地不用像买地那样预付大量的现款，就把别人的地变成了"自己的地"；第二，在租金上占了大便宜。寸土寸金的闹市区，两亩多地每年租金才 11 万，与后来他盖起 16 层大楼后仅其中 4 层的租金每年就 500 万元比起来，简直是九牛一毛。虽说租期内租金共有 770 万，但那是要用漫长的 70 年作分母来除的啊。厂方得到微薄的租金，失去了 70 年的机会。

王君大功告捷，聪明处在于他用浓彩重墨渲染了 770 万这一庞大数字，瞒天过海掩饰仅仅 11 万的年租金。

地皮落实后，他马上又通过新闻媒介向四川各地广而告之：四川省将在广州市建一"窗口"——巴蜀大厦，现预订房号、预收房款，使他轻而易举地集资 2000 万元。他省钱省事搞到了地皮，又走捷径解决了建房款。建房时，又恰逢建房热急剧降温，建房大军无米下锅，只要有活干、能糊口，亏本也愿接工程。王君把工程包出去，不但不用给承建方工程预付款，而且还要求对方垫支施工，大楼建了一半，承建方已垫支了数百万。

王君未动自身分毫，借鸡生蛋，坐拥广厦千万间。

现在你还认为小钱无用吗？事实证明小钱也能做成大生意，不过这也需要你有头脑、有创意才行。

小男孩拉里·艾德勒才 14 岁时，成就就相当杰出了。如今，他经营着三种生意，年收入已超过 10 万美元。

拉里·艾德勒是在 9 岁那年开始小本创业的。那年，凭着父亲借给他的 19 美元，他开设了一间剪草公司。他独自一个人，靠一部二手剪草机找活干。一年之后，他用赚来的钱投资，又买了一台新机器，第三年，又买了 5 台机器，生意就像滚雪球一样越滚越大了。

拉里·艾德勒经营的剪草公司，还将专利出售给美国、加拿大等国对此项目有兴趣的人，同时，拉里还到处去讲学，教人如何经营剪草公司。拉里的公司除了为客户剪草之外，还兼做扫落叶和铲雪服务。

拉里的第二种生意，是开设了一间儿童用品专卖公司。有一次，拉里进了一万个胶篮，然后把一些糖果装进篮中交给零售店，结果一下子都卖光了。拉里善于组织各种货物，将它们组合后出售，使客源不断。

拉里的第三家公司，是为教青少年如何做企业家提供服务的咨询公司。拉里在公司里教授与自己年龄相仿的人如何经商赚钱，还借给他们本钱，鼓励他们积极创业。

拉里说："做生意不在乎年龄大小，也不在乎本钱多少，关键要有创意，要用发财的眼光去看待每一件事，找出它们能够生财的支点来，然后你就知道该怎样做了。"

拉里的目标是，在 18 岁时赚足 4 亿美元。

听到小男孩拉里·艾德勒的故事的人免不了要对"小不点"肃然起敬。不仅是佩服他小小年纪就有雄心大志，更是佩服他独具匠心的创业方式，用小钱做成了大生意。

想赚钱就要不惧钱少，不厌利小，尤其是我们家底薄弱时，更应该对小商品、小利润给以更大的关注，勿以其小而不为，只要你全力去做，小投入也会成大气候。